Gregor Dietrich

Sommerblumen für naturnahe Gärten

Inhalt

Vorwort

Liebe Leserinnen, liebe Leser!

Sommerblumen zu ziehen ist etwas aus der Mode gekommen. Meist kauft man im Gartencenter fertige Ware, ohne sich über deren Herkunft oder deren ökologischen Rucksack Gedanken zu machen. Produziert werden fast ausschließlich Dauerblüher, die von Mai bis zum ersten Frost durchblühen sollen.

Sommerblumen selbst zu ziehen macht aber Freude! Manche Arten wachsen derart rasch, dass sie auch für ungeduldige Kinder ein guter Einstieg in das Gärtnern sind. Auch als Lückenfüller oder für schnelle Blüten nach dem Hausbau sind Sommerblumen bestens geeignet. Und sie kosten nicht viel: Für wenig Geld kann man rasch eine enorme Artenvielfalt im Garten haben und einem breiten Spektrum an Tieren Nahrung bieten.

Wir haben gelernt im Naturgarten den Bodegrund möglichst wenig zu bearbeiten, nicht umzugraben oder nur mit der Grabgabel zu lockern. Bodenschonende Bodenbearbeitung also, die Stauden und Gehölzen, ja sogar vielen Gemüsepflanzen, zugute kommt und Beikrautwuchs – manche sagen noch Unkrautwuchs – minimiert. Unsere Sommerblumen jedoch profitieren nicht davon. Einjährige kommen üblicherweise aus Lebensräumen mit starken Bodenbewegungen – auch unsere Beikräuter sind zumeist Einjährige. Sie sind an Bodenbearbeitung oder natürliche Bodenbewegungen angepasst und mögen die neue Art der „Bodenschonung" nicht. Das ist mit ein Grund, warum Einjährige in Naturgärten eine geringe Rolle spielen.

Verzichten wir jedoch auf dogmatisches Mulchen und setzen gröbere Bodenbearbeitung gezielt ein, so ist die Integration von Einjährigen im Naturgarten möglich. Auch Dauerbepflanzungen kombiniert mit Einjährigen sind kein Widerspruch. Denn bei der Art der Bodenpflege geht es nicht um Zerstörung versus Aufbau, sondern nur um die Schaffung geeigneter Lebensräume für bestimmte Pflanzengemeinschaften. Je nach Eingriff oder Nichteingriff verändern sich die Pflanzengesellschaften. Wer sich damit auskennt, kann diese Entwicklung, je nach Richtung Sukzession oder Degradation genannt, gezielt steuern, auch kleinräumig, und so artenreiche Lebensräume schaffen. Gerade instabile Lebensräume, wie sie oft vorwiegend von Einjährigen besiedelt werden, gelten dabei als besonders artenreich. Setzen Sie in diesem Sinne verstärkt auf selbst gesäte Sommerblumen.

Gregor Dietrich
Wien, Juli 2008

Sommerblumen – was ist das?

Blühen Sommerblumen wirklich nur im Sommer? Sommerblumen blühen maximal einen Sommer lang. Manche kürzer, manche blühen gar nicht im Sommer. Spätestens die Herbstfröste machen ihnen ein Ende. Sommerblumen sind wie Eintagsfliegen. Oder auch nicht. Einige blühen ohne Unterlass. Sie lassen junge Gärten schon erblühen, während Stauden und Gehölze erst noch anwachsen müssen. Und sie schließen Lücken und Narben, die mit der Zeit in alten Gärten entstehen.

Ein- und Zweijährige

Der gärtnerische Begriff Sommerblume bedeutet, dass eine Blume nur einen Sommer lang blüht und dann abstirbt. Doch nicht alle Pflanzen, die Gärtner als Sommerblumen bezeichnen, blühen nur einen Sommer lang, manche blühen noch nicht einmal im Sommer. Vielfach werden diese Pflanzen auch als Einjährige, was es besser trifft, und als Zweijährige bezeichnet. Botaniker nennen die Einjährigen auch „Annuelle" und die Zweijährigen „Bienne"– viele Gärtner haben sich dem mittlerweile angeschlossen.

Sommeraster *(Callistephus chinesis)*, eine typische Sommerannuelle.

Einjährige sind der Definition nach Pflanzen, die keine Ruheperiode überdauern können, also innerhalb einer Vegetationsperiode keimen, blühen, Samen bilden und vergehen. Botanisch nennt man die Einjährigen auch Therophyten.

Zweijährige Pflanzen blühen dagegen erst im zweiten Jahr. Wie Stauden überdauern sie den Winter und bilden erst im zweiten Standjahr Blüten und Samen, um danach abzusterben. Soweit die Theorie. Man spricht in diesem Fall auch von Halbstauden, was den Sachverhalt besser trifft, da viele Zweijährige an mageren Standorten durchaus mehrere Jahre bis zur Blühfähigkeit brauchen können und manche bei guter Ernährung sogar mehrere Jahre hintereinander blühen.

Kenntnis zahlt sich aus

Die Vielfalt innerhalb dieser Pflanzengruppen ist enorm. Den Gartenbesitzer, der die Pflanzen fertig aus der Gärtnerei kauft, wo sie mitunter unter hohem CO_2-Ausstoß und Pestizidverbrauch vorkultiviert werden, braucht das wenig zu interessieren. Er pflanzt die Fertigware ein und erfreut sich an den Blüten. Die Ansprüche für Keimung und die Vorkultur interessieren ihn in der Regel nicht. Für den umweltbewussten Naturgärtner ist es aber wichtig, die Lebensbedürfnisse seiner Pflanzen zu kennen, möchte er sie doch dauerhaft in seinem Garten integrieren. Dazu ist die Kenntnis der passenden Lebensbedingungen und auch die richtige, fachgerechte Auswahl der

Pflanzen unverzichtbar. Aber auch wer Pflanzen nur für den „einmaligen Gebrauch" heranzieht, sollte über deren Ansprüche Bescheid wissen.

Sommerannuelle Pflanzen?

Die klassischen Sommerblumen sind jene, die man im Frühjahr aussät, die dann den Sommer über blühen und schließlich im Herbst absterben. Fast alle im Handel befindlichen Arten lassen sich so kultivieren. Aber nicht alle sind echte Sommerannuelle, doch davon später.

Die Echten Sommerannuellen sind üblicherweise frostempfindlich und Warmkeimer. Das heißt, sie keimen, sobald sich der Boden genügend erwärmt hat. Eine Keimung zur falschen Zeit – etwa im Herbst nach der Samenreife, wo die Pflanzen erfrieren würden – wird dadurch verhindert.

NATÜRLICHE STANDORTE In der Natur wachsen Sommerannuelle beispielsweise als Maisfeldbeikräuter oder auf offenen Böden in sommerwarmen, aber auch genügend sommerfeuchten Gebieten. Natürliche Standorte finden sich etwa im Bereich von Auen, austrocknenden Tümpeln, Müll- und Schuttplätzen oder auf Brachen nach Erdarbeiten etc.

Beispiele für echte Sommerannuelle sind Fuchsschwanz *(Amaranthus)*, Sommerzypresse *(Bassia scoparia* var. *trichophylla)*, Sommeraster *(Callistephus)*, Schmuckkörbchen *(Cosmos)*, Sonnenblume *(Helianthus)*, Stundenblume *(Hibiscus trionium)*, Springkraut und Balsamine *(Impatiens)*, Bechermalve *(Lavatera)*, Trichtermalve *(Malope)*, Studentenblumen *(Tagetes)* und Gartenstrohblume *(Xerochrysum* syn. *Helichrysum)*.

Winterannuelle Pflanzen

Viele Einjährige sind eigentlich Winterannuelle. Das heißt, sie keimen im Herbst und nutzen die Winterfeuchtigkeit, um dadurch im Frühjahr einen Vorsprung zu haben. Nach der frühjährlichen bis frühsommerlichen Blüte bilden sie rasch Samen und sterben dann im Hochsommer ab. Sie stammen ursprünglich aus sommertrockenen Gebieten mit milden, feuchten Wintern, etwa aus dem Mittelmeergebiet. Von dort aus sind sie mit dem Ackerbau nach Norden gewandert und kommen in der Natur als Begleitflora des Wintergetreides oder an sommertrockenen Standorten vor. Die meisten dieser Arten können im Garten auch im Frühjahr angebaut werden und blühen dann eben später. Hierher gehören viele bedrohte Pflanzen unserer heimischen Ackerflora. Typische Vertreter sind Kornrade *(Agrostemma)*, Kornblume *(Cyanus segetum* syn. *Centaurea cyanus)*, Feldrittersporn *(Consolida* syn. *Delphinium)*, Jungfer im Grünen *(Nigella damascena)* und Mohn *(Papaver)*.

Die Sprinter

Hinter der botanischen Bezeichnung Ephemerophyten verbergen sich Pflanzen mit einer sehr kurzen Vegetationszeit. Frühlingsephemerophyten stammen von Standorten mit extremer Sommertrockenheit. Sie nutzen die Winterfeuchtigkeit, um rasch zu wachsen und Samen zu bilden. Viele stammen ebenfalls aus

Typische Winterannuelle sind viele Mohn-Arten, hier der Schlaf-Mohn *(Papaver somniferum)*.

dem Mittelmeergebiet oder sind von dort eingewandert. Sie keimen bereits im Herbst, blühen im Vorfrühling und sterben bereits vor Sommeranfang ab. Andere sind aus den asiatischen Steppen zu uns gekommen und keimen erst nach dem Frost, sterben aber kaum später ab. Diese Pflanzen besiedeln bei uns Trockenrasen (Steppenreste), Äcker, wo sie ihren Vegetationszyklus noch vor dem Anbau von Sommerkulturen wie Getreide, Mais etc. vollenden. Weiterhin findet man sie in Weinbergen oder an Standorten in menschlichen Siedlungen wie auf Dächern oder in Pflasterritzen. Als Zierpflanzen haben sie bisher leider kaum Bedeutung. Interessanterweise haben viele Arten nahe verwandte Polsterstauden in der Alpenflora. Beispiele hierfür sind einige Mannsschild-Arten *(Androsace)*, Hungerblümchen *(Draba* syn. *Erophila)*, Dreifinger-Steinbrech *(Saxifraga tridactylites)* und viele Ehrenpreis-Arten *(Veronica* spp.*)*. Als Feldgemüse aus dieser Gruppe wird lediglich der Feld- oder Vogerlsalat *(Valerianella)* als Wintergemüse kultiviert.

Hackfruchtbeikräuter

Es gibt auch den Sommer über wachsende kurzlebige Arten. Dazu zählen einige Beikräuter („Unkräuter") der Gärten und Hackfruchtkulturen, etwa Knopfkraut *(Galinsoga)*, Sommer-Bingelkraut *(Mercurialis annua)* oder das Gewöhnlich-Kreuzkraut *(Senecio vulgaris)*. Als Zierpflanzen sind sie meist uninteressant. Sie sind aber hervorragend an unsere Gemüsekulturen angepasst, wo dauernd gehackt und gejätet wird, Wachstum und Samenbildung also rasch erfolgen müssen. Viele können auch noch von der Wurzel getrennt binnen kurzer Zeit reife Samen bilden.

Knopfkraut *(Galinsoga)*, nicht nur kurzlebiges „Unkraut", sondern wertvolles Gemüse.

Schlammlinge

Die sogenannten Schlammlinge keimen dort, wo beispielsweise Tümpel oder Auen trocken fallen oder Fischteiche abgelassen werden. Auch in vernässten Stoppeläckern sind einige zu finden. Viele sind in ihrem Bestand in hohem Ausmaß gefährdet. In unseren Gärten spielen sie keine Rolle, lediglich die bei uns vom Aussterben bedrohte Knorpelblume *(Illecebrum)* wurde in England in Kultur genommen und kann von dort bezogen werden. Die Übergänge zur nächsten Gruppe sind aber fließend.

Stoppelackerpflanzen

Stoppelackerpflanzen haben sich als Kulturfoger angepasst. Sie nutzen die Zeit nach dem Dreschen und vor dem Umpflügen, um ihre Blüten zu präsentieren und Samen zu bilden. Teils handelt es sich um sehr kurzlebige Pflanzen, wie Hackfruchtbeikräuter und Schlammlinge, teils um Sommer- oder Winterannuelle, die entsprechend verzögert blühen. Trotz einiger kulturwürdiger Arten ist diese Gruppe nur selten in Kultur genommen worden.
Typische Stoppelackerpflanzen sind etwa der Acker-Schwarzkümmel (Nigella arvensis) und das Tännelkraut *(Kickxia)*.

Einjährig kultivierte Arten

Es gibt unter den Sommerblumen zahlreiche Arten, die eigentlich Stauden oder sogar Gehölze sind. Diese kommen aus warmen Regionen und überleben unsere Winter nicht – oder nicht sicher. Viele von

Die Marien-Glockenblume *(Campanula medium)* ist zweijährig, das Hasenschwanzgras *(Lagurus ovatus)* eine Winterannuelle.

ihnen schaffen es bei uns auch nicht, innerhalb einer Vegetationsperiode reife Samen zu bilden. Sie müssen daher entsprechen früh vorkultiviert werden, das heißt auch, jedes Jahr neu gepflanzt werden. Wir unterscheiden bei diesen Pflanzen solche, die an einem geschützten und trockenen Winterstandort gute Chancen haben auszudauern, und tropische Arten, die in keinem Fall den Winter in unseren Breiten überstehen und absterben.

GRENZWINTERHARTE PFLANZEN Beispiele für grenzwinterharter Arten sind Löwenmaul *(Antirrhinum)*, Duftsteinrich *(Lobularia)*, Levkoje *(Matthiola)* und Gauklerblume *(Mimulus)*. Beispiele für tropische Arten sind Leberbalsam *(Ageratum)*, Schiefblatt *(Begonia)*, Vanilleblume *(Heliotropium)* und der Wunderbaum *(Rhizinus)*.

Echte Zweijährige

Echte zweijährige Pflanzen sind selten. Sie keimen im späten Frühjahr und bilden im ersten Sommer lediglich eine Blattrosette. Erst die winterliche Kälte löst die Entwicklung des Blütenstandes aus, egal wie groß die Rosette im ersten Sommer geworden ist. Wird trockenes Saatgut zu früh gesät und in der Keimphase von einem Kälteeinbruch überrascht, so blühen die Pflanzen mitunter schon im ersten Jahr. Beispiele gibt es wenige. Die Kultur-Rübe (*Beta vulgaris*), Karotte *(Daucus carota)* und auch die Marien-Glockenblume *(Campanula medium)* gehören dazu.

Hapaxanthe Stauden

Viele hapaxanthe Arten wachsen so lange, bis die Blattrosette groß genug ist, um zu blühen. Bei Agaven kann das bis zu 50 Jahre dauern. Uns interessieren aber eher die kurzlebigeren Arten. Die Rotkelch-Nachtkerze *(Oenothera glazioviana)* blüht beispielsweise meist schon im zweiten Jahr. Bei starker Düngung treibt die Rosette jedoch schon im ersten Herbst einen Blütenstand – und erfriert dann, ohne je gefruchtet zu haben. An mageren Standorten hingegen blüht sie erst im dritten Jahr.

Kurzlebige Stauden

Manche sogenannten Zweijährigen sind genau betrachtet eigentlich Stauden. Allerdings sind sie entweder – zumindest in den gezüchteten Sorten – sehr kurzlebig und „hinfällig", wie das Maßliebchen *(Bellis)* oder das Stiefmütterchen *(Viola)*, oder sie blühen nie mehr so schön wie im zweiten Jahr, weil sie ab dem dritten Jahr kleinwüchsiger sind. Ein Beispiel hierfür ist die Stockrose *(Alcea)*.

Alcea excubita ist eine Stockrosen-Art und genau genommen eine kurzlebige Staude.

Saatgut und Keimung

Unter Saatgut versteht man dauerhafte Pflanzenteile, die gesät werden, um wiederum neue Pflanzen zu erhalten. Bei Stauden kann es sich dabei auch um Dauerorgane wie Knollen oder Knollenteile handeln, etwa bei der Kartoffel.

Bei Einjährigen beinhaltet das Saatgut immer Samen, da es keine anderen Dauerorgane gibt. Aber nicht grundsätzlich sind das, was man sät, die reinen Samen. Bei allen Korbblütlern wie Ringelblumen oder Sonnenblumen handelt es sich beispielsweise um Nüsse, also ganze Früchte, die je einen Samen beinhalten. Auch bei anderen Pflanzen können es Früchte, Teilfrüchte oder Samen sein, selten – wie bei der Rübe und Spitzklette – auch ganze Fruchtstände. Saatkörner können so auch mehrere Samen enthalten.

Aufbewahrung

Üblicherweise wird Saatgut trocken und kühl gelagert. So kann es – je nach Art – viele Jahre aufbewahrt werden. Die Einwirkung von Feuchtigkeit ist noch schädlicher als etwa zu hohe Temperaturen. Die Lagerung sollte jedoch bei Temperaturen unter 20 °C erfolgen – je kühler, desto besser.

Die Haltbarkeit von Saatgut ist von Pflanzenart zu Pflanzenart unterschiedlich. Wenige Arten verlieren ihre Keimfähigkeit bei trockener Lagerung binnen weniger Wochen – etwa viele Löwenzahn-Arten. Andere wie etwa die Wild-Malve *(Malva sylvestris)* bleiben dagegen über Jahrzehnte keimfähig, wenige wie das Blumenrohr *(Canna)* sogar Jahrhunderte.

TIPP **Zur Trocknung der Samen kann man Blaugel im Aufbewahrungsbehälter unterbringen. Es hat den Vorteil, dass es sich gut sichtbar rosa verfärbt, sobald es feucht wird. Nach dem Trocknen im Backofen wird es wieder blau und kann danach erneut verwenden werden.**

SAMENBANKEN In der Natur können viele, aber nicht alle Arten im Boden eine Samenbank bilden, die Jahrzehnte lang aktiviert werden kann. Beim Umgraben gelangen Samen von Lichtkeimern an die Oberfläche und Warmkeimer aus tiefen Bodenschichten erhalten wieder genug Sonnenwärme. Dass viele Sommerblumen einer der beiden Gruppen angehören, hat einen wichtigen Grund: Einjährige benötigen meist offene Böden und haben in geschlossener Vegetation wenig Chancen. Da die dichte Pflanzendecke das Licht abhält und eine Sonnenerwärmung verhindert, können Fehlkeimungen verringert werden. Interessant ist, dass bei dieser Art der Lagerung und Überdauerung im feuchten Boden die Haltbarkeit von Saatgut höher ist als bei Trockenlagerung. Im Trockenlager führt Feuchtigkeit zum raschen Verlust der Keimfähigkeit. Der Grund hierfür könnte die Gleichmäßigkeit der Feuchtigkeit in der Samenbank sein. Aber Achtung: Typische Kulturpflanzen wie Tomaten oder Salat sind nicht zur Bildung solcher Samenbanken in der Lage.

Für eine sichere Langzeitlagerung werden silicagelgetrocknete Samen bei −20 °C eingefroren – eine Methode, die für Hobbygärtner sicher übertrieben ist.

Keimverhalten und Vorbehandlung

Unterschiedliche Pflanzen keimen unter unterschiedlichen Bedingungen. Die meisten Sommerannuellen sind Warmkeimer, das heißt, sie benötigen eine artabhängige Mindesttemperatur zum Keimen. Sät man trockenes Saatgut bei zu kalten Temperaturen, so ist die Keimung auch bei einer Temperaturerhöhung unregelmäßig und die Keimrate entsprechend schlecht.

Bei Selbstaussaat und Überwinterung in feuchtem Substrat ist die Keimrate dagegen wieder besser. Es kommt zu einer Kaltstratifikation (siehe Seite 12). Samen von Warmkeimern subtropischer Herkunft können mitunter auch im Freien überwintern. Beispiele für Warmkeimer sind der Fuchsschwanz *(Amaranthus)*, die Sommerzypresse *(Bassia scoparia* var. *trichophylla)*, der Stechapfel *(Datura)* oder das Gämshorn *(Proboscidea)*.

KALTKEIMER Den Warmkeimern gegenüber stehen die Kalt- bzw. Frostkeimer. Diese müssen nach der Aussaat, also sobald die Samen gequollen sind, eine mehrwöchige Kältephase mit einer artabhängigen Höchsttemperatur durchmachen. Echte Frostkeimer, bei denen diese Temperatur unter 0 °C liegt, sind selten. Überhaupt sind Kaltkeimer eher bei Stauden, vor allem bei Gebirgspflanzen, zu finden, selten bei Einjährigen. Fördernd wirkt sich Kälte etwa bei Mohn *(Papaver)*, Anemonen *(Anemone)*, Arnika *(Arnica montana)* oder Glockenblumen *(Campanula)* aus.

Große Samen gehören meist Dunkelkeimern.

LICHTKEIMER Viele Annuelle sind Lichtkeimer. Sie dürfen bei der Aussaat nicht von Erde bedeckt werden. Man drückt sie nur leicht auf der Oberfläche an und besprüht sie mit einem feinen Wasserstrahl. Beispiele sind Sommerastern *(Callistephus)* und wiederum der Mohn *(Papaver)*.

DUNKELKEIMER Zu den Lichtkeimern gibt es natürlich auch ein Gegenstück, die Dunkelkeimer. Dazu zählen meist niedrige Stauden der Wiesen und Wälder, vorwiegen Arten, die Ölkörperchen bilden, die gerne von Ameisen gefressen werden. Diese transportieren die Samen dazu in ihren Bau, wo sie nach der Abtrennung des Ölkörperchens in den Abfallkammern landen.

Die Keimung erfolgt daher gut gedüngt unter der Erde. Ausgelöst wird sie nicht nur durch Dunkelheit, sondern auch durch das Abtrennen des Ölkörperchens. Eigenes Saatgut von Ameisenpflanzen muss daher, da es nicht maschinell gereinigt wird, mit Sand verrieben werden, um die Ölkörperchen zu entfernen. Neben Schneeglöckchen *(Galanthus)* und Leberblümchen *(Hepatica)* gehört dazu auch die Gattung *Viola*, zu der neben den Veilchen auch das Stiefmütterchen zählt.

Brandkeimer Nicht unerwähnt bleiben soll die als Brandkeimer bezeichnete Randgruppe, obwohl nur wenige dieser Arten in unseren Gärten kultiviert werden, darunter kaum einjährige Pflanzen.

Brandkeimer keimen in der Natur nach Brandereignissen, damit die Keimlinge nicht gleich von höheren Pflanzen überwuchert werden. Bedingung ist jedoch, dass es regelmäßig zu Bränden kommt, also gibt es in unserer Klimazone kaum echte Brandkeimer. Unter den europäischen Einjährigen gehört der seltene Böhmen-Storchschnabel *(Geranium bohemicum)* zu den Arten, deren Keimung durch ein Feuer gefördert wird. Das Anzünden der Samen würde diese jedoch zerstören. Ein Trick ist es, nach der Aussaat mehrfach mit Rauchwasser zu gießen, das ist durch frische Holzkohlenasche gefiltertes Wasser.

Das Ölkörperchen (Elaiosom) weist Stiefmütterchen als Ameisenpflanzen und Dunkelkeimer aus.

Spezialisten

Auch Pflanzen, die ihre Samen mittels eines Bohrmechanismus selbst in die Erde drehen, wie etwa Storchschnabel *(Geranium)* und Reiherschnabel *(Erodium)*, zählen zu den Dunkelkeimern. Eine weitere Besonderheit sind Pflanzen mit besonders großen Samen, die in Gefahr geraten würden, bei der Keimung auszutrocknen, würden sie nicht ausreichend Kontakt mit dem Substrat haben. Hiezu zählen Koriander *(Coriandrum)* und Stechapfel *(Datura)*.

Schwerkeimer In allen genannten Gruppen gibt es schließlich noch Schwerkeimer, Arten, die nicht so recht regelmäßig keimen wollen. Viele von ihnen möchten stratifiziert werden. Was heißt das? Ihre Samen werden dazu in feuchtem Sand aufbewahrt, bis sie keimfähig sind. Warmkeimer wie Stechapfel *(Datura)* oder Gämshorn *(Proboscidea)* werden in diesem feuchten Sand mehrere Wochen im Kühlschrank gelagert (Kaltstratifikation) und danach in der Wärme ausgesät. Bei Kaltkeimern hilft eine Warmstratifikation.

Eine andere Möglichkeit ist es, die harten oder sehr dicken Samenschalen dieser Arten anzufeilen, einzuritzen oder gar abzuschälen, ohne Embryo und Nährgewebe zu beschädigen. Hierbei ist unbedingt eine sterile Anzuchterde zu verwenden. Schließlich gibt es noch das Pflanzenhormon Gibberellinsäure in Tablettenform zu kaufen. Zum Gebrauch muss man eine Lösung herstellen, in die die Samen gelegt werden um dort vorzuquellen.

Aussaat und Aussaattermin

Der richtige Aussaattermin richtet sich ganz nach der Pflanzenart. Im Naturgarten ist eine Freilandaussaat ideal, doch vor allem tropische Arten müssen in einer Vorkultur herangezogen werden. Am besten ist dafür ein ungeheiztes Gewächshaus oder ein Frühbeet geeignet, das ohne zusätzlichen Energieaufwand funktioniert. Zumindest in den wärmeren Regionen kann man hier ab Mitte März auch Warmkeimer aussäen, sodass sie rechtzeitig blühen.

Eine weitere Möglichkeit ist das gute alte Mistbeet. Hier wird in das Frühbeet eine Lage Pferdemist gegeben, der bei der Rotte Wärme freisetzt. Über den Mist kommen gut 20 cm Aussaaterde.

FRÜHBEETKÄSTEN Frühbeetkästen kann man wie Gewächshäuser als Bausatz fertig kaufen, sie lassen sich aber auch aus einem Holzlattenrahmen mit aufgelegten alten Fensterflügeln selbst bauen. Wichtig ist nur, dass die Scheiben nach Süden hin geneigt sind und der Kasten halbwegs dicht schließt, damit sich das Innere gut erwärmt und nicht zu rasch wieder abkühlt.

Zur Not kann man auch auf der Fensterbank aussäen. Hier herrscht aber üblicherweise Lichtmangel, sogar an einem Südfenster, da die Scheibe nicht geneigt ist und ein großer Teil des Lichtes in den von den Pflanzen benötigten Wellenlängenbereichen reflektiert wird. Völlig ungeeignet sind Zimmergewächshäuser, die noch einmal Licht filtern. Warmkeimer kann man hier zwar zum Keimen bringen, doch sobald die ersten Keimlinge ihre Spitzen über die Erde erheben, muss die Abdeckung entfernt werden.

Aussaaterden

Aussaatsubstrate müssen prinzipiell nährstoffarm sein. Dies hat zwei Gründe: Erstens werden beim Abbau organischer Nährstoffträger Substanzen gebildet, die die Keimung unterdrücken. Zweitens bewirken überschüssige Nährstoffe, dass die Pflanze zu rasch wächst, ohne dabei ein ausreichendes Wurzelsystem zu bilden. Krankheiten und eine spätere Wachstumsverzögerung sind die Folgen.

Anzucht von Sommerblumen

Da meist dichter gesät wird als die Pflanzen wachsen sollen und können, müssen die auflaufenden Keimlinge pikiert werden. Das heißt, man hebt sie mit einem Pikierholz vorsichtig aus der Erde, ohne die empfindliche Wurzel zu beschädigen und setzt sie einzeln in kleine Töpfe, wo sie genügend Platz haben. Hier entwickeln sich die Pflanzen weiter. Gedüngt wird erst, wenn die Wurzeln einigermaßen kräftig sind.

Fehlen (UV-)Licht und die Reizung durch Wind, so bilden die Pflanzen zu wenig Stützgewebe, werden weich und „langhaxig". Die Pflanze vergeilt, vornehmer gesprochen, sie etioliert. Um das zu vermeiden, ersetzt man den Wind dadurch, dass man die Jungpflanzen mindestens einmal täglich „streichelt". Fahren Sie dazu mit der Hand sanft über die Anzuchtgefäße, sodass Sie die Vegetationsspitzen berühren.

Stehen Keimlinge zu dicht, so muss pikiert werden.

Auspflanzen

Ein weiteres Problem ist das Auspflanzen. Die unter Glas gezogenen Pflanzen kennen kein UV-Licht und können schnell einen Sonnenbrand erleiden. Daher werden sie zunächst bei schlechtem Wetter an einen absonnigen Ort ins Freie gestellt. Nach und nach können sie sich an die Sonne gewöhnen. Ein bis drei Wochen dauert die Abhärtung, je nach Empfindlichkeit der Pflanzen.

Arten, die an den Stängeln Wurzeln bilden können, werden etwas tiefer und schräg in die Erde eingepflanzt. So können sie mehr Wurzelmasse bilden und werden dadurch in der Folge auch kräftiger wachsen.

Einsatzgebiete der Sommerblumen

Sommerblumen wurden und werden zu unterschiedlichsten Zwecken verwendet. Da sie selbst sehr vielfältig sind, sind es auch ihre Verwendungsmöglichkeiten im Garten. Dauerblüher und Einmalblüher erfüllen dabei unterschiedliche Funktionen. Die historische Entwicklung führte dabei weg vom Nutz-Ziergarten zu naturfern produzierten Dauerblühern ohne Relevanz für Mensch und Tier. Im Naturgarten wollen wir wieder zurück zu einem naturnahen, nutzbaren und erlebbaren gärtnern.

Ein Blick in die Geschichte

Die Verwendung von Sommerblumen als Zierpflanzen ist vergleichsweise neu. Zwar ist die Kultur einiger Arten, denen reine Zierfunktion zukommt, schon aus der Antike bekannt, doch sind diese Arten im mediterranen Klima des antiken Griechenland oder Roms nicht einjährig. Ein Beispiel hierfür ist die Levkoje, ein Strauch, der in Griechenland aufgrund seiner duftenden violetten Blüten und der weißfilzigen Blätter auch als „weißes Veilchen" (leukoion) bekannt war. Die Art ist vermutlich in Kultur entstanden, ihre Wildvorkommen nur Einbürgerungen. Die Stammsippen sind nicht bekannt. Später wurde die Levkoje zur barocken Beetblume, dann zur bäuerlichen Balkonblume. Heute findet sie sich wieder als beliebte Schnittblume, ist aber in Privatgärten ohne Bedeutung.

In vielen Bauerngärten finden sich Pflanzen mit langer Tradition.

Pflanzen mit Vergangenheit

Auch die Garten-Nelke *(Dianthus caryophyllus)* ist ein Kind der Antike. Wie die Levkoje (siehe oben) ist sie eine reine Kulturart. Ihre Stammsippen sind ebenfalls unklar. In Mitteleuropa haben hängende Sorten der Garten-Nelke ihren ersten großen Auftritt in der bäuerlichen Balkonbepflanzung. Nach der Verdrängung durch Pelargonien tauchte sie im Industriezeitalter in hochwüchsigen Sorten als einfach zu ziehende Schnittblume wieder auf, wo sie zur Symbolblume der Arbeiterbewegung wurde. Heute ist auch sie aus vielen Gärten verschwunden und wird überwiegend in Glashäusern produziert. Diese beiden Beispiele zeigen das wechselhafte, von Moden beeinflusste Schicksal vieler Pflanzen durch die Jahrhunderte.

Mittelalterliche Kräutergärten

In Mitteleuropa beginnt die eigentliche Gartenkultur mit dem Mittelalter. Streng formale Klostergärten, deren Beete von niedrigen Hecken umrahmt wurden, dienten ausschließlich dem Anbau von

Typische Sommerblumen der Bauerngärten

Bauerngarten-Sommerblume	in Mitteleuropa kultiviert seit	Nutzen	Herkunft
Garten-Stockrose *(Alcea rosea, syn. A. ficifolia* hort.*)*	Mittelalter	Volksarzneipflanze, Lebensmittelfarbe (Sorte 'Nigra')	Kulturart, Stammsippen ostmediterran: *A. pallida* und andere
Garten-Ringelblume *(Calendula officinalis)*	Mittelalter	Volksarzneipflanze	Alte mediterrane Kulturart, Abstammung unbekannt
Marien-Glockenblume *(Campanula medium)*	Unbekannt	Kirchenschmuck	SO-Frankreich, Italien
Gewöhnlich-Stechapfel *(Datura stramonium)*	ca. 1580	Volksarzneipflanze, Zauberpflanze	Nordamerika
Balsamine *(Impatiens balsamina)*	16. Jahrhundert	Färbepflanze	Indien, Malaysia, China
Algier-Malve *(Malva sylvestris* subsp. *mauritiana)*	Mittelalter	Volksarzneipflanze, Lebensmittelfarbe	Mittelmeerraum oder Mitteleuropa
Bauern- und Virginia-Tabak *(Nicotiana rustica, N. tabacum)*	16. Jahrhundert	Volksarzneipflanze	Nord-, Mittel- und Südamerika
Mutterkraut *(Tanacetum (Chrysanthemum) parthenium)*	Altertum	Volksarzneipflanze	Balkanhalbinsel bis Südwestasien

Nutzpflanzen sowie religiös-rituell benötigten Gewächsen. Die einzige Ausnahme von der Regel waren „nutzlose" Krokus-Arten, die gerne als Vorfrühlingsblüher kultiviert wurden. Dementsprechend waren frühe Klostergärten arm an Sommerblumen wie Ringelblumen, Koriander, Kerbel, Dill, Boretsch, Basilikum oder Buchweizen.

Sommerblumen im Bauerngarten

Die Klostergärten hielten Einzug in die bäuerlich-ländliche Tradition und wurden dort imitiert. Die formale Gestaltung blieb, Buchs wurde zur alleinigen Einfassungspflanze. In den Beeten war „Unordnung" aber geduldet. Immer mehr Pflanzenarten kamen hinzu, darunter viele Viehheilpflanzen. Sommerblumen konnten zwischen Gemüse und Kräutern halbwild wachsen, mussten aber immer eine Funktion erfüllen. Selbst als im Barock herrschaftliche Gärten mit lediglich zierenden Gewächsen aus aller Welt bereichert wurden, fand in die Bauerngärten zunächst nur Nützliches Eingang. Der Grund dafür war wohl die fehlende Zeit für nutzlose Dinge in der arm gehaltenen Landbevölkerung. Erst nach der Bauernbefreiung hielten allmählich auch Zierpflanzen Einzug in die Gärten.

Friedhöfe

Ab dem Barock wurden zierende Sommerblumen neben den traditionellen Immergrünen auch zunehmend zur Grabbepflanzung verwendet, wo ein Nutzen nicht erwünscht war. Über diesen Umweg gelangten sie später in Bauerngärten, aber auch Vorgärten. Wichtig bleibt anzumerken, dass sich hinter den volkstümlichen Heilpflanzen der Bauerngärten nicht nur wirksame und unwirksame Mittelchen gegen Krankheiten verbargen, sondern auch Rauschdrogen, starke Beruhigungsmittel um beispielsweise Kinder ruhigzustellen („Mohnzutz") sowie natürlich seit jeher Kräuter, die zur Abtreibung verwendet worden sind.

Barocke Sommerblumenbeete

Mit der Entdeckung der Neuen Welt gelangten unzählige bisher unbekannte Pflanzenarten nach Europa. Sie wurden zunächst auf ihre Verwendbarkeit hin überprüft. Botanische Gärten entstanden und widmeten sich dieser Aufgabe, die Botanik als eigenständige Wissenschaft begann sich zu etablieren. In der zweiten Hälfte des 16. Jahrhunderts wurden zunächst vom Wiener Hof diplomatische Beziehungen zum Osmanischen Reich aufgenommen. Eine ganz neue Welt tat sich auf: Dort wurden Pflanzen nur ihrer Schönheit wegen kultiviert. Tulpe, Ranunkel, Kaiserkrone, Schmuckblauster, Flieder, Rosskastanie und gelbe Rosen sind nur einige der osmanischen Zierpflanzen, die in West- und Mitteleuropa für neue Impulse in der Gartenkultur sorgten und eine Pflanzenbegeisterung ohnegleichen auslösten. Carolus Clusius war einer dieser „Pflanzennarren", die nun aus allen anderen Weltgegenden Pflanzen in die Gartenkultur einführen, z.B. Narzissen aus Spanien und Krokus aus Neapel.

Pseudo-Barock in Schönbrunn: Echte barocke Pflanzungen waren ein wildes Durcheinander bunter Blumen.

Auch die Pflanzung von Mustern war im Barock nicht üblich.

GESCHMACKSVERWIRRUNGEN Schon bald wurden vor allem in Herrscherhäusern prächtige Gartenanlagen errichtet, in denen Blumen zu finden waren, die ausschließlich Zierwert besaßen. Die flächigen Pflanzungen einzelner Sommerblumen, wie wir sie aus Schönbrunn, dem Wiener Belvedere und anderen Anlagen wie Kurparks kennen, sind allerdings eine neuzeitliche Erfindung, die in der geschmacklich verwirrten Nachkriegszeit bis in die 1970er „fröhliche Urständ" feierte und sämtliche Gärten erfasste. Sie haben mit barocker Gartenkunst nicht das mindeste zu tun. Barocke Rabatten waren bunt und vielfältig, wie es auch der heutigen Naturgartenidee entspricht. Artenvielfalt und barocke Üppigkeit trafen hier aufeinander. Leider kehrte man in Mitteleuropa auch im Zeitalter von Denkmalschutz und Renovierungen kaum zur Originalbepflanzung von Gärten zurück. Das niederösterreichische Festschloss Hof und Schloss Versailles bei Paris gehören zu den wenigen positiven Ausnahmen.

Sommerblumen der Barockzeit

Sommerblume	Herkunft	Besonderes
Garten-Froschgoscherl *(Antirrhinum-Majus*-Hybriden)	Westmediterran	Hybriden aus *A. majus* (purpurn blühender Halbstrauch) und *A. latifolium* (gelb blühende Staude)
Fuchsschwanz *(Amaranthus)*	Mehrere Arten aus dem tropischen Amerika und Asien	Auch als Spinat, in Südamerika Getreide
Acker-Feldrittersporn *(Consolida regalis)*	Heimisch	Damals nur eine Art in Kultur
Bart-Nelke *(Dianthus caryophyllus)*	Gebirge Südeuropas bis in die südlichen Alpen	Im Alpenraum schon länger kultiviert
Balsamine *(Impatiens balsamina)*	Indien, Malaysia, China	Von Portugiesen eingeführt
Garten-Levkoje *(Matthiola incana)*	Kulturart, Stammsippen im Mittelmeerraum	Von den Griechen schon in der Antike kultiviert
Jungfer im Grünen, Damaszener-Schwarzkümmel *(Nigella damascena)*	Mittelmeerraum	Samen auch als Gewürz, aber giftig
Portulakröschen *(Portulaca grandiflora)*	Südamerika	Sehr bunt, kurze Kulturzeit, blüht nur bei Schönwetter
Pracht-Salbei, Salvie *(Salvia splendens)*	Brasilien	Vorkultur nötig
Türkische Nelke, Hoch-Samtblume *(Tagetes erecta)*	Mexiko	Heute ausschließlich gefüllte Sorten
Studentenblume, Gewöhnlich-Samtblume	Mexiko, Guatemala *(Tagetes patula)*	Kam bereits im 16. Jh., also 200 Jahre vor der Dahlie, zu uns
Klein-Kapuzinerkresse *(Tropaeolum minus)*	Peru	Die 1570 als erste nach Europa eingeführte Kapuzinerkresse ist seit fast hundert Jahren nicht mehr in Kultur
Groß-Kapuzinerkresse *(Tropaeolum majus)*	Pazifisches Südamerika	1684 eingeführt, bald mit dem später eingeführten *T. peltophorum* verkreuzt und daher heute nicht mehr (rein) in Kultur

Siegeszug der Balkon- und Fenstergärten

Besonders im Alpenraum sind üppig bepflanzte Balkonkästen nicht mehr aus den Ortsbildern wegzudenken. Mobiles Grün in Pflanzgefäßen ermöglichte auch die Kultur klimatisch anspruchsvollerer Nutzpflanzen, wie etwa Rosmarin. Doch bestand hier gleichzeitig auch die Möglichkeit, Platz für „Nutzloses" zu finden. Wie die bäuerliche Landbevölkerung in ihren Gärten die formale Struktur der Klostergärten nachahmte, so imitierte man hier die exotischen Gärten der Herrschenden. Da Orangerien zur Überwinterung unbekannt waren, fanden nur besonders anspruchslose Gewächse wie Oleander und Agave, die man leicht als Kübelpflanzen ziehen konnte, Einzug auf Balkone und Terrassen – und eben die zahlreichen neu eingeführten Sommerblumen der frühen Neuzeit. Die Übergänge sind dabei fließend, können doch viele üblicherweise als Sommerblumen geltende Arten, die in ihrer Heimat ausdauernd sind, nun auch überwintert werden.

PELARGONIEN ❧ Die häufigsten Pflanzen auf alpenländischen Balkonen waren ursprünglich Hängenelken, eine Sortengruppe der Garten-Nelke *(Dianthus caryophyllus)*. Sie sind heute fast völlig verschwunden bzw. verdrängt worden, namentlich von Pelargonien, auch besser bekannt als Geranien.

Seit dem 17. Jahrhundert werden Pelargonien bei uns kultiviert, wobei auch in Österreich viele Sorten gezüchtet wurden – Hybriden und Duftpelargonien – die heute größtenteils ausgestorben sind. Moderne Duftpelargonien sind fast durchwegs englische Züchtungen. Im Jahr 1701 gelangte die Hänge-Pelargonie *(Pelargonium peltatum)* nach Frankreich und wurde innerhalb eines halben Jahrhunderts über ganz Europa verbreitet. Die Balkon-Pelargonie *(P. × hortorum)* entstand aus dem 1710 nach Frankreich eingeführten *P. zonale* und dem 1714 nach England eingeführten *P. iquinans*. Beide Arten sind nicht mehr in Kultur.

Pelargonien überwintern

Pelargonien können kühl und sogar dunkel überwintert werden. Dazu werden die Pflanzen vor den ersten Frösten ins Haus geholt. Balkon-Pelargonien werden den Winter über nicht gegossen und stehen völlig trocken. Sie können hell oder dunkel frostfrei bis zu etwa 15 °C stehen. Hänge-Pelargonien müssen bei Temperaturen über ca. 7 °C hell stehen. Sie sollten nicht völlig austrocknen. Im Frühling vor dem Ausräumen werden die Pelargonien nach Bedarf zurückgeschnitten.
Es können auch im August Stecklinge gemacht werden, die hell und nicht völlig trocken überwintern. Als Ersatz für überalterte Stöcke sollte man diese Methode zumindest gelegentlich wählen.

Balkonbepflanzungen spielen vor allem im Alpenraum eine große Rolle.

Ihren wahren Boom erlebten Hänge- und Balkon-Pelargonien erst seit dem 19. Jahrhundert. So entstanden beispielsweise um 1960 im Burgenland zahlreiche gefüllt blühende Sorten. Die österreichischen Sorten sind heute übrigens großteils verschwunden.

VERÄNDERUNGEN ❧ Auch das Männertreu oder Blau-Lobelie *(Lobelia erinus)* kam im 17. oder 18. Jahrhundert nach Europa. Die 1830er-Jahre brachten die größten Veränderungen. In dieser Zeit begannen die Fuchsien zu boomen. Gleichzeitig wurden zwei einjährige Petunien, die nacht- und weißblütige, duftende *Petunia axillaris* und die tag- und violettblütige, aber duftlose *P. integrifolia* in Kultur genommen. Durch Kreuzung entstand die Garten-Petunie *(P. × atkinsiana)*, welche die Elternarten bis 1910 völlig aus der Kultur verdrängte. Seit den 1990ern sind ausdauernde, aber sterile Sorten („Surfinien") in Gebrauch.

VERBENEN UND ANDERE ❧ Zwischen 1827 und 1839 kamen drei südamerikanische Verbenen

Glandularia (Verbena) peruviana, G. (V.) phlogiflora und *G. (V.) teucroides)* nach Europa, die die Eltern der heutigen großblütigen Hybriden stellten. Auch diese Arten sind verschwunden. Unsere Hängeverbenen entstammen den Arten *G. (V.) aristigera, G. (V.) bipinnatifida, G. (V.) tenera und G. (V.) laciniata.*

Ende des 19. Jahrhunderts war im österreichischen Alpenraum die Gold-Gauklerblume *(Mimulus (Diplacus) auarantiacus)* eine der Leitarten der Balkonbepflanzung. Im 20. Jahrhundert gewannen Sorten des Knollen-Schiefblattes *(Begonia × tuberhybrida)* an Bedeutung. Der letzte Schrei sind die seit 1998 erhältlichen Zauberglöckchen *(Calibrachoa*-Hybriden*)*, auch Minipetunien genannt. Die Königsdisziplin unter den Balkonblumen war die Kultivierung der Garten-Spaltblume *(Schizanthus × wisetonensis)*, wegen ihrer Schönheit und ihrer hohen Kulturansprüche in bäuerlichen Kreisen auch Bauernorchidee genannt.

Vorgärten

Während man zur Balkonbepflanzung auch Pflanzen verwendete, die sich im Haus überwintern lassen oder die eine Vorkultur benötigen, zog man in den Gärten nur Pflanzen heran, die entweder winterhart waren oder rasch aus Samen herangezogen werden konnten. Da die Bauerngärten ursprünglich nur Nutzpflanzen im weitesten Sinn beherbergten, waren die Ziergärten der frühen Neuzeit zunächst Gräber. Bis heute, wo in anderen Bereichen Stauden die Sommerblumen nach und nach verdrängen, sind hier Sommerblumen gefragt. Mit steigendem Wohlstand zogen Zierpflanzen dann auch in die Hausgärten ein. Vorgärten waren die bevorzugte Orte, diese Pflanzen zu ziehen: quasi als Aushängeschild des Hauses. Hier fand sich häufig ein Gemisch aus Sommerblumen und Zwiebelpflanzen, ergänzt durch einzelne Stauden wie Pfingstrosen und Schwertlilien, aber auch manch Kleingehölz. Leider macht sich seit der zweiten Hälfte des 20. Jahrhunderts die „Koniferitis" breit – Kleinkoniferen wie Zuckerhutfichten, Latschen, Zwergthujen, Wacholder und wenige andere Kleingehölze wie beispielsweise Winter-Jasmin sowie Rasen sorgen für Einheitsgrün statt buntes Blühen.

Pflanzenvielfalt

Die Paradesommerblume der Vorgärten war die Sommeraster *Callistephus chinensis*, welche ca. 1750 aus China zu uns kam. Sie war zuerst als Friedhofsblume bedeutend und dient im ländlichen Raum nach wie vor zum Schmücken von Kirchen und Bildstöcken. Die Tatsache, dass diese Sommerblumen in der Vase zur Samenreife gelangen kann, führte dazu, dass sie häufig um Bildstöcke herum verwildert vorkommt. Andere typische Vorgartenblumen sind oder waren neben barocken Sommerblumen und den zierenderen unter den Bauerngartenblumen noch die Atlasblume, Godetie oder Sommerazalee *(Clarkia (Godetia) amoena)*, Mandelröschen oder Sommerfuchsie *(Clarkia unguiculata, syn. C. elegans)*, Rot-Pippau *(Crepis rubra)*, Weichstachel- und Flaumstechapfel *(Datura innoxia, D. wrightii)*, Garten- und Chinesen-Nelke *(Dianthus caryophyllus, D. chinensis)*, Kalifornien-Goldmohn oder Schlafmützchen *(Eschscholzia californica)*, Schnee-auf-dem-Berge oder Bauernedelweiß *(Euphorbia marginata)*, Sommer-Kokardenblume *(Gaillardia pulchella)*, Nadelkissen- und Dreifarb-Gilie *(Gilia capitata, G. tricolor)*, Sommer-Schleierkraut *(Gypsophila elegans)*, Schleifenblume *(Iberis)*, Edelwicke oder Duft-Platterb-

Vorgarten mit Stauden und Dahlien – Sommerblumen fehlen hier.

se *(Lathyrus odoratus)*, Garten-Bechermalve *(Lavatera trimestris)*, Sommer-Leinkraut *(Linaria-Hybriden aus L. bipartita, L. maroccana und L. reticulata)*, Rot-Lein *(Linum grandiflorum)*, Garten-Trichtermalve *(Malope trifida)*, Wunderblume *(Mirabilis)*, Vergissmeinnicht *(Myosotis)*, Seiden-Mohn *(Papaver rhoeas)*, Orient-Knöterich *(Persicaria orientalis*, syn. *Polygonum orientale)*, Sommer-Flammenblume *(Phlox drummondii)*, Rau-Sonnenhut *(Rudbeckia hirta)*, Trompetenzunge oder Brokatblume *(Salpiglossis sinuata)*, Schopf-Salbei *(Salvia viridis)*, Samt-Grindkraut *(Scabiosa atropurpurea)*, Rosen-, Lanzen- und Steif-Eisenkraut *(Verbena canadensis, V. hastata, V. rigida)*.

Die Garten-Petunie *(Petunia x atkinsiana)* gehört zu den beliebtesten Dauerblühern.

Moderne Dauerblüher

Von der oben genannten vielfältigen Pracht ist heute jedoch nicht mehr viel übrig. Ein Teil der Arten ist nur mehr mit größerem Aufwand erhältlich, ganz zu schweigen von der früheren Sortenvielfalt. Zwei Sorten der vergleichsweise schmucklosen Duft-Resede lassen sich heute noch mit einigen Mühen auftreiben, von den Einmalblühern sind nur die Auffälligsten geblieben.

Nur kurz blüht der Rot-Pippau *(Crepis rubra)*, eine heute rar gewordene Sommerblume.

Heutzutage sind Dauerblüher gefragt. Sie sollen zudem möglichst wenig Arbeit machen, also selbstreinigend sein. Darunter versteht man Pflanzen, bei denen Verblühtes zu Boden fällt, ohne die Optik der Pflanze zu stören und solche, die kaum Früchte bilden. Fruchtbildung benötigt nämlich Energie, die sonst in neue Blüten gesteckt werden könnte. Solche Sorten können jedoch nur über Stecklinge vermehrt werden und sind daher nur als Jungpflanzen erhältlich.

Sortenschutz

Vorgeblich für Allergiker werden pollenfreie Sorten gezüchtet, etwa von der Sonnenblume. Die Züchtungsarbeit geschieht zum Teil im Labor in Gewebekultur, bei den Sorten handelt es sich um sogenannte F_1-Hybriden, die nicht nachgebaut werden können. Oft unterliegen moderne Sorten auch dem Sortenschutz und dürfen nicht bzw. nur unter Zahlung von Lizenzgebühren vermehrt werden. Manchmal gaukeln auch nur geschützte Handelsnamen einen Sortenschutz vor, der aber nicht gegeben ist. So werden manche Sorten nicht unter ihrem Sortennamen, sondern unter einer geschützten Handelsbezeichnung in den Verkehr gebracht. Dies alles dient den Interessen der Saatgutkonzerne, aber kaum jenen des Konsumenten, der lediglich in eine gewisse Abhängigkeit gerät.

Dauerblühergarten versus Naturgarten

Kann ein Naturgarten durchblühen? Sicherlich kann er das! Dass in einem Naturgarten heimischen Gewächsen der Vorzug gegeben werden soll, heißt nicht, dass er nach der Frühlingsblüte nur grün sein darf, so wie unsere Wälder. Natürlich finden hier auch Exoten Platz. Schon der Name zeigt die gekonnte Verbindung der Gegensätze Natur und Garten. Auch das „Produkt" Naturgarten lebt mit diesen Gegensätzen. Natürlich sollten gewisse Aspekte beachtet, Sakrilege jedoch vermieden werden.

Mit den Dauerblühern geht allerdings auch eine gewisse Naturentfremdung einher. Man will sozusagen einen ganzjährigen Frühling erreichen und die Jahreszeiten überlisten. Tun Sie das nicht! Machen Sie die Jahreszeiten erlebbar. Verwenden Sie Dauerblüher nur gezielt in der Fensterkistchen- und Balkonbepflanzung. Gestalten Sie Ihren Garten zwar so, dass dauernd etwas blüht, aber lieber durch Artenvielfalt als mit überzüchteten durchblühenden Gewächsen.

Sakrilege im Naturgarten

Der Naturgarten kennt außer dem Einsatz von Chemie nur wenige echte Sakrilege. Gerade aber bei den Sommerblumen sind einige zu nennen, die im vorigen Kapitel schon angeklungen sind. Es geht hier zum Teil um die modernen Dauerblüher. Grundsätzlich ist gegen diese nichts einzuwenden, doch gibt es da einige der Naturgartenidee widersprechende Tatsachen, derer wir uns bewusst sein müssen. Zum Ersten werden sterile Dauerblüher durch Stecklinge vermehrt und in energieintensiver Glashauskultur herangezogen. Prinzipiell wirkt sich Glashausware, auch aus Samenanzucht, aber negativ in der CO_2-Bilanz aus.

Zugegebenermaßen ist die eigene Anzucht von Gartenpflanzen bei uns aus der Mode gekommen. Auch Zeit ist in unserer Gesellschaft Mangelware geworden. Aber Naturgärten sind kein Konsumprodukt. Probieren Sie es einmal aus, und Sie werden merken: Eigenanzucht macht Spaß!

F_1-HYBRIDEN In diesem Sinne haben auch F_1-Hybriden nichts im Naturgarten verloren, auch wenn wir sie aus Samen ziehen können. Im Naturgarten sollen Eingriffe nur maßvoll vorgenommen werden. Auch die Aussaat ist ein Eingriff, den man mit sich selbst versamenden Sommerblumen reduzieren kann. Und schließlich sind etwa pollenfreie Sonnenblumen kein vollwertiger Nahrungsplatz für Hummeln.

TIPP **Widerstehen Sie der Versuchung, in ihrem Naturgarten Glashausware und F_1-Saatgut zu verwenden und suchen Sie nach Alternativen. Auch Kompromisse sollten nicht zur Regel werden.**

Fertigware

Glashäuser sind im Sommerhalbjahr Energiesammler, im Winter jedoch Energiefresser. Nun ist es völlig normal, dass wir Pflanzen verfrühen möchten. Ungeheizte Glashäuser, Frühbeetkästen und Mistbeete eignen sich dazu aber auch bestens. Allerdings kann je nach Art und Klima erst ab etwa März gesät werden – zu spät, um blühende Fertigware ab April bereitzustellen, wie wir es gewohnt sind. Gärtner müssen daher schon früh im Winter mit der Anzucht beginnen und benötigen dazu geheizte Glashäuser. Die Stecklingsvermehrung findet oft schon im Herbst statt, wobei dann der Winter im Gewächshaus kühler verlaufen kann.

Durch Glashauskultur stehen uns schon früh im Jahr blühende Pflanzen zur Verfügung.

PESTIZIDE UND DIE FOLGEN Bei überwinternden Kulturen besteht die Gefahr, dass tropische und subtropische Schädlinge überwintern können, die sich dann im Sommerhalbjahr ausbreiten. Üblicherweise wird dem mittels Pestiziden begegnet – ein weiteres Problem für den umweltbewussten Naturgärtner. Bio-Sommerblumen sind kaum zu haben. Spritzmittel gefährden aber nicht nur durch ihre direkte Giftwirkung die Umwelt. Das wird immerhin durch die zunehmend gezielte Wirkung und Anwendung minimiert. Doch die CO_2-Bilanz von Pestiziden ist erschreckend hoch.

Trost und Gefahr in der Versuchung

Zum Trost für alle, die der Versuchung nicht widerstehen können, das eine oder andere „Fertigpflanzerl" auszuprobieren, sei gesagt, dass nach Recherchen der Gartenjournalistin Ingrid Greisenegger in Privatgärten statistisch etwa zehnmal so viel Pestizide je Quadratmeter ausgebracht werden wie auf landwirtschaftlichen Nutzflächen. Das bedeutet also schon ein sattes Plus, wenn wir im eigenen Garten auf Pestizide verzichten. Ein weiteres mögliches Problem dürfen wir ebenfalls nicht außer Acht lassen. So kämpft man zunehmend gegen Schädlinge, die gegen zugelassene Pestizide immer resistenter werden. Diese Stämme kommen dann mit den Pflanzen unbemerkt in den Handel und werden so verbreitet.

F_1-Saatgut

F_1-Saatgut, so sagt man uns, bringe kräftigere, leistungs- und widerstandsfähigere Pflanzen hervor als konventionelles. Daher boomen jetzt die F_1-Sorten. Die Erzeugung des Saatgutes ist zwar aufwändiger, aber man lässt es sich ja auch bezahlen. F_1-Sorten sind außerdem nicht nachbaubar, und so muss man alljährlich wieder neues Saatgut kaufen.

WAS IST INZUCHT? Aber was steckt hinter all dem? Wenn wir über viele Generationen Pflanzen so vermehren, dass wir Saatgut von einer kleinen Menge an Pflanzen – oder gar nur von einer – gewinnen, so verarmen diese genetisch immer mehr. Man spricht nun von Inzucht. Verschiedene Ausprägungen der Gene haben nämlich einen Sinn. Sie kommen mit unterschiedlichsten Gegebenheiten zurecht. Je unterschiedlichere Ausprägungen der Gene eine Pflanze hat, desto anpassungsfähiger an unterschiedliche Umweltbedingungen und desto widerstandsfähiger ist sie. Bei einer Anpassung an bestimmte Bedingungen gehen nicht benötigte Variationen in einer Population verloren. Bei einer weiteren Verarmung werden die Pflanzen allerdings krankheitsanfällig und schwächlich. Man spricht von Inzuchtdepression.

Inzuchtlinien In den Anfangszeiten der Genetik entdeckte man den sogenannten Heterosis-Effekt: Kreuze ich zwei unterschiedliche Inzuchtlinien, so erhalte ich kräftige, gesunde Pflanzen. Diese nennt man F_1-Hybriden. In der zweiten Generation ist jedoch von der Vitalität nur noch wenig übrig. Ein überwiegender Teil der Pflanzen wird wieder schwachwüchsig sein. Durch eine längere Auslese kann man die Situation zwar wieder stabilisieren und einigermaßen normalwüchsige Pflanzen erhalten, doch die Vitalität der F_1-Hybriden wird nicht wieder erreicht.

Gewebekultur Heutzutage bedarf es keiner Inzucht mehr. Labormethoden ermöglichen es, aus den Geschlechtszellen der Pflanzen neue, genetisch identische herzustellen. Diese Pflanzen würden im Freiland kaum überleben, da ihnen die notwendige Anpassungsfähigkeit fehlt. Sie werden daher im Labor gezogen, manchmal können durch biotechnologische Methoden überhaupt nur die Geschlechtszellen in Gewebekultur erzeugt werden. Die daraus gewonnenen F_1-Sorten sind sehr vital und scheinen auf den ersten Blick konventionelles Saatgut zu schlagen.

Tipps aus der Praxis

Auch konventionelles und selbst geerntetes Saatgut kann bei einiger Aufmerksamkeit besonders vitale Pflanzen ergeben. Das Geheimnis ist es, möglichst unterschiedliche Genausprägungen zu erhalten. Dazu bedarf es vieler Pflanzen, um große Mengen Saatgut zu erzeugen. Außerdem muss man wieder große Samenmengen aussäen, um durch eine hohe Zahl von Pflanzen viele Genausprägungen in Umlauf zu halten. Das können Saatgutfirmen, doch der eigene Garten ist meist zu klein dafür. Auch wir können im Hausgarten für genetische Vielfalt sorgen, indem wir ganz einfach von unseren kleinen Saatgutmengen mit anderen Gartenfreunden tauschen. So gibt es immer wieder eine genetische Auffrischung aus anderen Gärten.

Ähnlich können wir mit F_1-Saatgut verfahren. Erhält man von einer gewünschten Art kein konventionelles Saatgut, so kauft man zwei oder mehr unterschiedliche F_1-Sorten, die man kreuzt. Dadurch gelangen wieder mehr als nur zwei unterschiedliche Genausprägungen je Genort in unsere Gartenpopulation und sie wird insgesamt vitaler. Nun können wir sie auch wieder ruhigen Gewissens im Naturgarten verwenden.

Das Kleingedruckte Saatgutfirmen stellen bei F1-Sorten gerne einen Kundenvorteil heraus. Tatsächlich kann es den manchmal geben, etwa bei pollenfreien Sorten für Allergiker. Nun besitzen aber die Pflanzen, bei denen das bisher getan wird, bei weitem nicht so weit verbreitete allergieauslösende Substanzen, wie uns das die Saatguterzeuger glauben machen wollen. Eigentlich sind es fast ausschließlich Sonnenblumen, bei denen damit geworben wird. Als von Insekten bestäubte Pflanze ist ihr Pollen aber gar nicht darauf ausgerichtet, durch die Luft zu fliegen.

Weitreichende Wirkung Allerdings gibt es windbestäubte Verwandte wie das hoch allergene Traubenkraut *(Ambrosia)*. In der Folge einer *Ambrosia*-Allergie können dann auch verwandte Arten wie die Sonnenblume trotz kaum flugfähigen Pollens zu Problemen führen. Wer aber keine Korbblütler-Allergie hat, der pflanze bitte normale Sonnenblumen, da die pollenfreien Sorten einen anderen unerwünschten Effekt haben: Hummeln, die Hauptbestäuber der Sonnenblume, benötigen nicht nur Nektar, sondern auch Pollen, um ihren Nachwuchs damit aufzuziehen. Steht in dieser Phase kein Pollen mehr zur Verfügung, so werden nach einer Lernphase Blüten anderer Arten angeflogen. Da aber die meisten Sonnenblumen Pollen bieten, findet diese Lernphase nicht statt. Die Hummel vergeudet Zeit und Energie und die Fortpflanzungsrate sinkt mit der Zahl pollenfreier Sonnenblumen. Erst wenn die meisten Sonnenblumen pollenfrei wären, hätte die Hummel eine Chance zu lernen. Doch dann können die Sonnenblumen auch keine Früchte mehr bilden, die als Vogelfutter benötigt werden.

Sortenschutz

Im Prinzip ist Sortenschutz kein neues Thema. Züchter möchten die Exklusivität ihrer eigenen Züchtungen schützen. Das ist durchaus legitim. Dem Privatmann wird es ebenso wie dem Berufskollegen verboten, die Sorte zu vermehren und weiterzugeben, es sei denn, man entrichtet Lizenzgebühren.

Dieses Recht treibt aber sonderbare Blüten – nämlich dann, wenn irgendjemand das tut, was sowohl Züchter als auch der Gärtner verabsäumt haben, der die Sorten in den Handel gebracht hat – nämlich einen Sortenschutz anzumelden.

Das Strauchbasilikum 'African Blue' wird als 'Magic Blue'® vermarktet.

Skurriles am Rande

Geradezu grotesk ist, dass es legal ist, nicht geschützte Sorten unter einem geschützten Namen in Verkehr zu bringen. Das bedeutet, dass nicht die Sorte geschützt ist, sondern nur der Name. Das ist aber für den Laien nicht ersichtlich, denn das ® hinter dem Sortennamen ziert beide Fälle. Ist nur der Name geschützt, so darf die Pflanze vermehrt und weitergegeben werden, aber nicht unter dem geschützten Namen. Ein Beispiel dafür ist eine Basilikum-Hybride zwischen dem Kilimandscharo-Basilikum *(Ocimum kilimandscharicum)* und dem Echt-Basilikum *(O. basilicum)*, die unter dem Namen 'African Blue' in Umlauf gebracht, und einige Jahre später plötzlich als 'Magic Blue'® groß vermarktet wurde. Problematisch für Sammler ist auch, dass ein und dieselbe Sorte unter verschiedenen, auch geschützten Handelsnamen gehandelt werden darf, was vor allem bei Rosen ein Problem ist, bei Sommerblumen bislang jedoch weniger.

TIPP **In Zukunft werden möglicherweise Patente auf Sorten und Gene ebenfalls eine Rolle spielen. Der Naturgärtner sollte jedoch versuchen, der Kommerzialisierung der Welt etwas entgegenzusetzen.**

Gefahren durch eingeschleppte Pflanzen

Ein weiteres Problem, dem sich alle Liebhaber exotischer Pflanzen stellen müssen, ist das der Neophyten. Das sind Neubürger unter den Pflanzen, also nicht heimische Arten, die bei uns wild wachsen – sei es als Gartenflüchtlinge oder sonst wie verschleppt. Die meisten dieser Arten sind für den Naturschutz nicht relevant. Es gibt aber auch invasive

Arten, also solche, die sich stark ausbreiten und dabei heimische Arten verdrängen. Zum Glück ist das nur ein kleiner Teil der Neophyten, die wieder nur einen kleinen Teil aller zu uns gelangten Exoten darstellen. Dennoch müssen wir hier wachsam sein, und gerade den Naturgärtner trifft dabei viel Verantwortung. Das Stehenlassen exotischer Fruchtstände als Vogelfutter oder zur Überwinterung von Insekten kann sich schnell als Eigentor erweisen. Gerade bei aus anderen Gegenden als invasiv bekannten Arten hat der Gärtner Vorsicht walten zu lassen. Auch starkwüchsige Pflanzen, wie sie uns die Gärtnereien zur raschen Begrünung nach dem Hausbau anbieten, sind suspekt. Bei den Sommerblumen ist hier zum Glück wenig zu fürchten. Die meisten einjährigen Neophyten kommen lediglich in Kulturland vor und verdrängen kaum heimische Arten.

SPRINGKRAUT ⅋ Ausnahme von der Regel sind die Springkräuter *(Impatiens)*, von denen bisher alle Arten gemäßigter Breiten, die nach Europa gelangten, Probleme machen. Zahm sind lediglich die tropischen Arten, wie die Schöne Wienerin oder Fleißiges Lieschen *(Impatiens walleriana)* und andere. Konkret verdrängt das gelbblütige zentralasiatische Klein-Springkraut *(I. parviflora)* die einzige europäische Art, das Groß-Springkraut *(I. noli-tangere)*.

Eine beliebte Zierpflanze war auch das aus Indien und dem Himalaja stammende rosa bis purpurrot blühende Drüsen-Springkraut *(I. glandulifera)*, bevor sich die bis zu zwei Meter hohe Art entlang der Flüsse und Bachläufe derart ausbreitete, dass sie nun ein gefürchtetes Landschaftsunkraut darstellt. Um einer weiteren Ausbreitung nicht noch mehr Vorschub zu leisten und Bekämpfungsmaßnahmen nicht zu sabotieren, sollte die schöne Pflanze im Garten auf gar keinen Fall geduldet werden. Aus Südwesteuropa dringt das zweifarbig weiß-violette Balfour-Springkraut *(I. balfourii)* nach Norden und Osten vor. Es hat Österreich bereits erreicht, ist hier aber bislang noch nicht invasiv. Erste Erfahrungen vor allem aus Italien und Frankreich sind allerdings alarmierend: Finger weg von der Pflanze und unter keinen Umständen in den Garten holen! Reißen Sie die Zierpflanze aus dem westlichen Himalaja auch außerhalb des Gartens aus, sobald Sie diese zu Gesicht bekommen!

Schließlich ist noch das nordamerikanische *I. capensis* im atlantischen Westeuropa ein Problem, hat aber bislang in Mitteleuropa wohl aus klimatischen Gründen nicht Fuß fassen können, ebenso wie die südostasiatische Balsamine *(I. balsamina)*.

Prinzipiell sollten alle Gartenpflanzen, die sich außerhalb des Gartens ansiedeln, sicherheitshalber entfernt werden.

Ideen für den Naturgarten

Nun sollte klar sein, was im Naturgarten unerwünscht ist. Zeit, sich Gedanken zu machen, was genau denn gewollt ist. Sommerblumen wachsen rasch heran. Sie sind perfekt, um neue Gärten, etwa nach dem Hausbau, rasch zu begrünen. Manche Arten, etwa das Portulakröschen *(Portulaca grandiflora)*, Rot-Lein *(Linum grandiflorum)*, Echt-Buchweizen *(Fagopyrum esculentum)* oder Mandelröschen *(Clarkia unguiculata)* benötigen

Das Drüsen-Springkraut *(Impatiens glandulifera)* ist ein gefürchtetes Landschaftsunkraut, dessen kostenintensive Bekämpfung ein Kampf gegen Windmühlen ist.

in der warmen Jahreszeit nur knapp über einen Monat von der Aussaat bis zur Blüte. Weil sie offene Böden benötigen, sind sie überall dort ideale Lückenfüller, wo sich langsamwüchsigere Langlebige erst einleben müssen. Sobald sich ausdauernde Arten ausbreiten, verschwinden auch selbstversamende Sommerblumen von allein. Ließe man sie Samen bilden, so tauchten viele Sommerblumen wieder auf, sobald eine Lücke entsteht – eine Staude, ein Strauch oder Baum abstirbt und/oder gerodet wird, man umgräbt oder der Rasen Lücken bekommt. Auch auf Dauer kann man abwechslungsreiche bunte Pflanzungen im Barock- oder Bauernvorgartenstil anlegen, aber bunte Beete auch von einem Jahr aufs andere verlegen.

BEIKRAUTBEWUCHS Sommerblumen sind von Natur aus auf Bodenbewegungen als wichtigen ökologischen Faktor angewiesen. Auch die viel beklagten Veränderungen des Bodenlebens sind Bestandteil des Lebens von Sommerblumen. Zu lange ruhende Böden mögen sie kaum. Beikrautwuchs durch eine Mulchschicht zu dämmen ist natürlich auch bei Sommerblumen theoretisch möglich. In der Praxis ergeben sich aber Probleme, da viele Einjährige zu zart sind und die Kultur in Reih und Glied bei zarten Pflanzen wie bei gemischten Pflanzungen ein unschönes Bild ergibt. Sommerblumen sind von ihrer Herkunft her meist selbst Beikräuter und so für beikrauthemmende Maßnahmen nicht dankbar. Wer vergleicht, wird feststellen, dass sie in umgegrabenen Böden mit „zerstörtem" (in Wahrheit nur degradiertem) Bodenleben wesentlich besser wachsen als in unbearbeiteten Böden mit „intaktem" (in Wahrheit nur in einem höheren Sukzessionsstadium befindlichen) Bodenleben.

Vielfalt ist Trumpf

Sommerblumen sind natürlich erste Wahl bei der Balkonbepflanzung. Streng formale Beete mit Flächenpflanzungen, einfarbige Beete oder solche in Mustern sind genauso möglich. Im Naturgarten mag das mitunter seltsam anmuten, doch wer konventionelle Pflanzungen bevorzugt, aber dennoch möglichst naturnah gärtnern möchte, der kann durch in der Artenzusammensetzung jährlich wechselnde Sommerblumenbepflanzungen die Ausbreitung von Schädlingen wie Blattläusen oder Spinnmilben bremsen. Diese würden bei mehrjährigen Monokulturen von Jahr zu Jahr größere Schäden anrichten.
Anmerken muss man noch, dass die im Naturgarten beliebte Mulchwirtschaft und der Verzicht auf das Umgraben mit der Kultur von Sommerblumen nicht in Einklang zu bringen ist.

Chancen und Risiken für bedrohte Arten

In der pestizidgeplagten Ackerflora gibt es eine große Zahl gefährdeter heimischer Sommerblumen wie die Kornrade. Viele dieser Arten sind durchaus attraktiv, und so haben manche ihren Weg in die Gärten gefunden, andere wären es wert. Die Gartenkultur kann durchaus ein Beitrag zur Arterhaltung sein. Gerade eine naturnahe, selbstversamende Kultur lässt die Pflanzen ihren natürlichen Rhythmus und Habitus beibehalten. Unsere Gärten können auch Ausgangspunkte für die Wiederbesiedelung natürlicher Standorte sein. Dabei darf aber kein Saatgut oder keine Pflanze in die Natur eingebracht werden – das wäre ohne Genehmigung strafbar. Wenn den Pflanzen der Lebensraum zusagt, so werden sie von selbst aus dem Garten auswandern und diesen besiedeln. Was wir bei Exoten nicht wollen, kann hier durchaus erwünscht sein. Dennoch gibt es verschiedene unerwünschte Effekte.

GENETISCHE VEREINHEITLICHUNG Werden Pflanzenarten in Kultur genommen, so stammen diese meist von einem Standort. Diese Population wird vermehrt und daraus ein Handelsstamm aufgebaut. Der Handelsstamm, der die genetische Variation und damit auch die speziellen Anpassungen einer Population repräsentiert, wird in viele Länder weiterverkauft. Dort kann es zu Auskreuzungen mit Wildpopulationen kommen. Passiert dies in einem großen Teil des Verbreitungsgebietes, so werden sich die Gene der Handelspopulation überall wiederfinden – es kommt zu einer genetischen Vereinheitlichung. Spezielle Genausprägungen anderer Populationen werden in diesen seltener zu finden sein. Dies stellt aber ein großes Problem für bedrohte Arten dar. Eine Lösungsmöglichkeit ist es, regionales oder lokales Saatgut zu verwenden. Beispiele sind etwa Vertreter der Gattungen Trespe *(Bromus)*, Hasenohr *(Bupleurum)*, Venusspiegel *(Legousia)*, Strahldolde *(Orlaya)* oder der Böhmen-Storchschnabel *(Geranium bohemicum)*.

Andererseits sehen manche das wieder als Chance – neue Gene in alten Populationen könnten eine höhere Vitalität und damit bessere Überlebenschancen bedeuten. Das mag manchmal der Fall sein, leitet aber zum nächsten Problem über.

VERKREUZUNG VON ARTEN Genauso ist es nicht unbedenklich, wenn bedrohte Wildarten nahe Verwandte Gartenpflanzen haben, mit denen sie sich verkreuzen können. So ist die Blass-Stockrose *(Alcea biennis)* am nordwestlichen Rand ihres Verbreitungsgebietes, im Steinfeld und im Weinviertel, vom Aussterben bedroht, die Wiener Vorkommen sind bereits erloschen. Sie ist nahe verwandt mit der Garten-Stockrose *(A. rosea)* und hat keine genetischen Schranken zu dieser Art entwickelt. Kommen sich wilde und Garten-Populationen zu nahe, so kann dies das Aus für die jeweilige Population der Wildart bedeuten. Das gilt auch für alle anderen Stockrosenarten, ja sogar mit Eibisch *(Althaea)* gibt es Hybriden. Verkreuzungsverdächtig sind auch alle Nelkenarten, da es innerhalb dieser Gattung ebenfalls keine genetischen Schranken gibt.

FALSCH BESTIMMTE ARTEN Das gefährdete Sommer-Teufelsauge *(Adonis aestivalis)* ist eine durchaus kulturwürdige Art. Es ist auch – scheinbar – im Handel erhältlich. Doch das Saatgut entpuppt sich ausnahmslos als das des exotischen Herbst-Teufelsauges *(Adonis annua)*. Gelegentlich wird dieses Saatgut – in der guten Absicht etwas für den Naturschutz zu tun – auch angesalbt, das heißt absichtlich in die freie Natur ausgebracht (siehe auch Seite 30). Das Herbst-Teufelsauge ist bislang kein invasiver Neophyt, dennoch sind Ansalbungen eine unerwünschte Florenverfälschung.

Selbst in einfarbigen Pflanzungen ermöglichen Sommerblumen große Artenvielfalt.

TIPP **Möchten Sie gefährdete Arten fördern, so greifen Sie nicht auf Saatgut bekannter Saatgutfirmen zurück. Fördern Sie lokale Saatgutzüchter und konzessionierte Wildsaatgutanbieter.**

Ähnliches gilt für die Feldrittersporne der Gattung *Consolida*. Unsere heimische, gefährdete *Consolida regalis* hieß früher *Delphinium consolida*. Der Handel benennt aber auch die exotischen Arten der Gattung häufig mit einem dieser Namen. Immer handelt es sich aber um *Consolida ajacis*, den exotischen Garten-Feldrittersporn. Die heimische Art – früher durchaus sortenreich – wird heute nicht mehr kultiviert. Übrigens ein Hinweis darauf, dass nicht nur Wildpflanzen bedroht sind, sondern auch

Kultursippen aussterben können, wenn sie nicht mehr verwendet werden.

Ansalbungen ❧ Werden Pflanzen mit Absicht in der Natur ausgebracht, ohne dass es sich dabei um land- oder forstwirtschaftliche Kulturen handelt, so spricht man von „Ansalbungen". Diese sind per Gesetz verboten, werden aber leider selten geahndet. Auch die Ansalbung gefährdeter Arten ohne wissenschaftliche Dokumentation ist unerwünscht. Warum? Pflanzen benötigen passende Lebensräume. Stimmen die Bedingungen nicht, so kann die Art kurzfristig vorkommen und verschwindet dann wieder. Das Vorkommen aller Arten des Landes wird aber von Botanikern in Rasterfeldern (Quadranten) auf Karten dokumentiert. Dazu werden die Quadranten gelegentlich gezielt abgegangen. Rare Arten werden auch immer wieder als Einzelfundmeldungen nachgeliefert, sehr oft auch von naturschutzaktiven Laien. Diese sind daher oft besser dokumentiert als die Normalflora. Diese Dokumentation dient jedoch als Grundlage für die Bewertung der Gefährdungssituation der Arten. Da finanzielle und personelle Ressourcen knapp sind, können die einzelnen Quadranten nur in Abständen von vielen Jahren besucht werden. Eine zufällig gefundene Ansalbung bleibt daher mitunter für Jahrzehnte als Fundmeldung erhalten und verschleiert die tatsächliche Gefährdungssituation. Das ist neben den bereits genannten genetischen Risiken mit ein Grund für das Ansalbungsverbot.

Die Kornrade *(Agrostemma githago)* ist vom Aussterben bedroht. Von selbst kann sie sich nicht vermehren.

Der Wildtyp der Kornblume *(Cyanus segetum,* syn. *Centaurea cyanus)* ist gefährdet. Im Garten gibt es allerlei Farbsorten.

Ausnutzung von Samenbanken

Im Garten fallen immer wieder Veränderungen an. Ein fertiger Garten ist ein „toter Garten". Egal ob man „hardware", also Bauwerke wie Pergolen, Teiche, Wege etc. hinzufügt, oder „software" wie neue Sträucher oder Bäume: immer kommt es zu kleineren oder größeren Erdarbeiten. Das Erdreich wird durchmischt, auch tiefere Erdschichten gelangen dabei an die Oberfläche. Kurzfristig mehr Luft im Boden sorgt aber für den Abbau organischer Substanzen, wodurch der Nährstoffgehalt steigt. Die Samenbank des Bodens wird zudem aktiviert. Man merkt es daran, dass bald jede Menge „Unkräuter" keimen, zum Teil auch solche, die schon viele Jahre nicht mehr gesehen wurden. Die Samen haben zum Teil Jahrzehnte im Boden überdauert.

Liegt das Grundstück in ehemaligem Ackerland, können auch viele Ackerbeikräuter auftreten. Diese sind oft attraktiv. Mit etwas Glück kann sogar Saatgut seltener Arten gewonnen werden, das im Handel nicht erhältlich ist. Abzuwarten, was sich entwickelt, kann sehr interessant sein. Sie können selber bestimmen, von welchen Arten Sie Samen reifen lassen und welche wieder verschwinden sollen.

Einige kulturwürdige gefährdete Sommerblumen Österreichs

Art	Gefährdung in Österreich	Verbreitung in Österreich	Lebensraum	Lebensweise
Sommer-Teufelsauge *(Adonis aestivalis)*	Gefährdet	Alle Bundesländer, in S, V ausgestorben	Äcker	Winter-/Sommer annuelle
Kornrade *(Agrostemma githago)*	Vom Aussterben bedroht	Alle Bundesländer; in S, V ausgestorben	Äcker	Winterannuelle
Sichel-Hornköpfchen *(Ceratocephala falcata)*	Ausgestorben	Ehemals W	Ackerränder	Frühlingsephemero-phyt
Gerad-Hornköpfchen *(Ceratocephala orthoceras)*	Vom Aussterben bedroht	B (bei Jois), N (Mödling); in W ausgestorben	Sandige Böschungen	Frühlingsephemero-phyt
Gewöhnlicher Feldritter-sporn *(Consolida regalis)*	Gefährdet	Alle Bundesländer	Äcker	Winterannuelle
Weiß-Lerchensporn *(Corydalis capnoides)*	Gefährdet	St, O-T, in K ausgestorben	Balmen, Viehläger am Fuß von Felsen	Winterannuelle
Schnabel-Erdrauch *(Fumaria rostellata)*	Gefährdet	B, N, St	Äcker, Hack-fruchtkulturen	Sommerannuelle, Stoppelackerpflanze
Dunkel-Erdrauch *(Fumaria schleicheri)*	Gefährdet	B, W, N, St, T	Mauern, trockene Äcker	Sommerannuelle
Knorpelmiere *(Illecebrum verticillatum)*	Vom Aussterben bedroht	N	Feuchte Sandböden	Schlammling, Stoppelackerpflanze
Mäuseschwänzchen *(Myosurus minimus)*	Stark gefährdet	B, N, St; in W, O verschollen	Nasse Äcker	Schlammling
Acker-Schwarzkümmel *(Nigella arvensis)*	Stark gefährdet	B, W, N; in O ausgestorben	Äcker	Sommerannuelle, Stoppelackerpflanze
Weiß-Mohn *(Papaver albiflorum)*	Gefährdet	B, W, N	Trockenrasen	Winterannuelle
Sand-Mohn *(Papaver (Roemeria) argemone)*	Stark gefährdet	B, W, N, T	Sandige Ruderalstellen und Äcker	Sommerannuelle
Finger-Steinbrech *(Saxifraga tridactylites)*	Gefährdet	Alle Bundesländer	Trockenrasen	Frühlingsephemero-phyt
Kegel-Leimkraut *(Silene conica)*	Vom Aussterben bedroht	B, W, N	Sandige Äcker und Ruderal-stellen	Sommerannuelle
Franzosen-Leimkraut *(Silene gallica)*	Gefährdet	B; in V ausgestorben	Kalkarme Äcker und Ruderal-stellen	Sommerannuelle, Stoppelackerpflanze
Flachs-Leimkraut *(Silene linicola)*	Wildwachsend weltweit ausgestorben	Ehemals W, N, O, St, K	Ausschließlich Leinäcker	Sommerannuelle
Kuhnelke *(Vaccaria hispanica)*	Vom Aussterben bedroht	B, W, N; in O, T, V ausgestorben	Äcker	Sommerannuelle, Stoppelackerpflanze

B = Burgenland, W = Wien, N = Niederösterreich, O = Oberösterreich, St = Steiermark, K = Kärnten, S = Salzburg, T = Tirol, O-T = Ost-Tirol, N-T = Nord-Tirol, V = Vorarlberg

BODENBEARBEITUNG Wird ein Garten neu angelegt, können Sie gleich für die Zukunft vorsorgen: Auf den nackten Boden werden im ersten Jahr Einjährige ausgesät, die aussamen dürfen. Danach erst gräbt man erneut um und legt Rasen und Beete an. Diese Vorgehensweise hat gleich mehrere Vorteile. Ist der Erdboden nach dem Hausbau durch das Befahren mit schweren Maschinen ruiniert und nur notdürftig oder gar nicht saniert, so werden, was auch immer man pflanzt, Probleme auftreten. Sommerblumen tragen einerseits zur Bodensanierung bei, da sie als Pioniere an „zerstörte" Böden angepasst sind, andererseits zeigen sie Problemstellen durch vermindertes Wachstum an. Dort muss noch gründlich nachgearbeitet werden, meist durch Bodenlockerung. Eine Mischung aus Bodenverbesserern wie Bienenfreund *(Phacelia)* oder Lupinen *(Lupinus)* sowie Arten, deren Samen im Boden in Form von Samenbanken überdauert, führt dazu, dass bei späteren Arbeiten Kahlstellen auch ohne Einsaat bald bunte Blüten hervorbringen. Es lohnt sich, andere Arten einfach mit einzusäen. Man kann Mischungen aus gewünschten Arten selbst zusammenstellen und sät das Saatgemisch breitwürfig auf gelockerten Boden aus, recht es leicht ein und wässert dann.

Studentenblumen *(Tagetes)* keimen und blühen rasch und vertreiben schädliche Wurzelälchen (Nematoden).

Ernten statt jäten

Viele Beikräuter sind durchaus nützlich, etwa der allgegenwärtige Weiße Gänsefuß *(Chenopodium album)* oder die farblosen eingebürgerten Fuchsschwanz-Arten *(Amaranthus)* sind essbar und werden zubereitet wie Spinat, die Vogel-Sternmiere *(Stellaria media)* auch als Salat. Besonderes attraktiv sind sie aber nicht.

Saatgut von Wildpflanzen – woher nehmen?

Es heißt ja immer, man solle im Naturgarten heimischen Arten den Vorzug geben. Doch nur wenige davon sind im Handel erhältlich. Was tun? Auf der Suche nach Wildpflanzensamen wird man nur auf wenige Spezialbetriebe, wie etwa Voitsauer Wildblumensamen, stoßen. Doch gibt es auch private Foren zum Samentausch, organisiert etwa von der deutschen Gesellschaft der Staudenfreunde (GdS), wo man viele rare Gewächse, einheimische, aber natürlich auch exotische Einjährige, beziehen kann. Auch andere Vereine bieten Samentausch an. Eine Nachbestimmung der Pflanze ist in jedem Fall zu empfehlen. Und schließlich bleibt bei nicht geschützten Arten auch die verantwortungsbewusste Ernte kleiner Samenmengen vom Naturstandort, aus der man einen eigenen Gartenstamm heranziehen kann. Doch seien Sie sich bitte der Gefahr einer Übererntung und damit Bestandsgefährdung bewusst! Sie sind unter Umständen nicht der einzige, der auf diese Idee gekommen ist. Naturplünderungen können nicht das Ziel des Naturgärtners sein!

Sommerblumen und Tierwelt

Im Naturgarten sollten nicht nur Schönheit und Verwendungsbereich der einzelnen Pflanzen eine Rolle spielen, sondern auch ihre Nutzbarkeit für die Tierwelt. Lang blühende Sommerblumenrabatten scheinen immer eine Menge Nektar und/oder Pollen anzubieten. Das trifft leider nur zum Teil zu. Gefüllt blühende Sorten bieten oft weder zugänglichen Nektar noch Pollen. Manchmal fällt uns die Blütenfüllung gar nicht auf, weil alle Blumenblätter eine Fläche bilden, etwa bei der Jungfer im Grünen *(Nigella damascena)*. Doch während der Wildtyp Nektardrüsen hat, die kleinen Solitärbienen Nektar bieten, sind diese bei den immer gefüllt blühenden Gartenpflanzen zu Kronblättern umgewandelt. Die Pflanze kann deshalb keinen Nektar anbieten.

Futterpflanzen

Nicht nur die Blüten, auch die Früchte bieten reichlich Nahrung. Bei Sonnenblumen ist das ja bekannt, doch auch bei vielen anderen Arten ist Vogelbesuch zu beobachten. Aber nicht nur Vögel nutzen die Früchte und Samen, sondern auch zahlreiche Insekten, wobei einige auf ganz bestimmte Arten spezialisiert sind. Manche Sommerblumen bieten auch Raupen Nahrung. Und natürlich fressen auch weniger beliebte Insekten an Blatt und Stängel – wobei die Fraßleidenschaft mancher Art zum Problem werden kann. Auch so manche Schneckenart fordert ihren Tribut. Bunte Mischpflanzungen gleichen jedoch Verluste rasch wieder aus, denn nicht alle Arten sind gleichzeitig betroffen. Nur Monokulturen können ernsthaften Schaden nehmen.

PRAKTISCHE BLÜTEN Und schließlich ist es nicht nur das Nahrungsangebot, das Tiere nutzen. Einige Krabbenspinnen etwa lauern in den Blüten, denen sie sich rasch farblich anpassen, Insekten auf. Die Larven der bedrohten Ölkäfer und der gefährdeten Spanischen Fliege nutzen dagegen Blüten, um sich an Bienen festzuhalten, in deren Bauten sie einen Teil ihres Larvenlebens schmarotzen werden. Einige Milben und Pseudoskorpione nutzen Blüten ebenfalls als Haltestellen für ihre „Fluglinien", sie benutzen sie als „Haltestellen" und manche Arten auch als Nahrungsquelle. Vögel sammeln abgestorbene feine Pflanzenteile des Vorjahres als Nistmaterial, Insekten überwintern in hohlen Pflanzenstängeln.

Brauchbare und unbrauchbare Blüten

Von gefüllten Blüten war eingangs schon die Rede. Andere Pflanzen bieten zwar Nektar an, aber nicht für unsere heimische Tierwelt. Der mittelamerikanische Pracht-Salbei *(Salvia splendens)* etwa ist vogelblütig, worauf bereits die scharlachrote Farbe hindeutet. In der Natur sind Kolibris seine Bestäuber. Gelegentlich versuchen auch

Fledermauspflanzen

Die Glockenrebe *(Cobaea)* wird in ihrer südamerikanischen Heimat von nektarfressenden Fledermäusen bestäubt. Sie bildet bei uns durch Selbstbestäubung Samen, da in der mittel- und nordeuropäischen Flora – anders als in fast allen anderen Weltgegenden – nur Wind, Wasser und Insekten eine Bestäuberrolle zukommt. Schwefelreicher Nektar ist eine gute Fledermausnahrung, für Insekten jedoch schlecht verwertbar. Fledermausblüten sind strukturreich, sehr stabil und duften in der Nacht, wobei ihr Geruch meist an gärende Früchte erinnert.

Hummeln ihr Glück, die zwar für Bestäubung sorgen, nicht aber an den Nektar herankommen. Eigentlich sind Bienen und Hummeln ja rotblind. Sie können rote Blüten nur dann wahrnehmen, wenn diese auch im UV-Bereich Licht abstrahlen oder deutliche Farb- oder Duftmarken setzen. Vogelblüten sind aber duftlos.

Nahrungsspezialisten

Blüten können an bestimmte Bestäuber gebunden sein oder aber ein breites Bestäuberspektrum ansprechen. Unspezialisierte Blüten bieten Nektar und Pollen gleichermaßen als Nahrung an. Dazu zählen viele Disteln und andere Korbblütler sowie die Doldenblütler. Andere Arten bieten Nektar oder Pollen sehr gezielt an.

Auch auf Seiten der Bestäuber gibt es Spezialisierungen. Die vom Aussterben bedrohte Mohn-Mauerbiene *(Hoplitis papaveris)* etwa tapeziert ihr Nest mit den Blütenblättern des Klatsch-Mohns aus und füttert ihre Larven mit einem Gemisch aus Pollen und Nektar der Kornblume. Für den Nestbau benötigt sie sandige offene Böden mit Hangneigung. Auch Insektenblumen können unbrauchbar sein. Der Elfensporn oder das Doppelhörnchen *(Diascia)* etwa produziert Öl statt Nektar und hat zwei Sporne, in die die Vorderbeine bestimmter südafrikanischer Ölbienen passen. Zwar kennt auch die heimische Flora eine Ölblumengattung mit zugehöriger Biene, doch ist *Diascia* aufgrund des abweichenden Blütenbaues und einer anderen Blütenfarbe für diese Biene völlig untauglich.

Der Pracht-Salbei *(Salvia splendens)* zeigt durch seine scharlachrote Blütenfarbe, dass er für die heimische Tierwelt unbrauchbar ist.

Heimische Fauna und Flora

In der Praxis zeigt sich wieder: Heimische Pflanzenarten sind wichtig für die heimische Tierwelt. Wobei man relativieren kann: Unspezialisierte Blüten bieten einen relativ guten Ersatz für heimische unspezialisierte Blüten – die Spezialisten unter den Bestäubern haben allerdings überhaupt nichts davon.

Es sei noch darauf hingewiesen, dass es auch unter den Sommerblumen Windbestäuber gibt, die Insekten naturgemäß keine Blütennahrung bieten. Neben Gräsern sind dies Fuchsschwanz *(Amaranthus)*, Brandschopf oder Hahnenkamm *(Celosia)* und Kugelamaranth *(Gomphrena)*.

Blumen für Insekten

Oft hört man, es gäbe keine Bienen mehr. Voller Angst stehen Menschen vor ihren Obstbäumen, die nun nicht mehr bestäubt werden und sehen dabei die vielen Bienen nicht, die sie besuchen. Der Grund: Nur die exotische, als Nutztier gehaltene Honigbiene *(Apis mellifera)* wird als Biene wahrgenommen – unsere zahlreichen heimischen Arten dagegen nicht. Ein „Nützlingshotel" aus möglichst vielen verschiedenen Materialien wie Pflanzenstängeln, Holz oder Lehm mit unterschiedlich großen Löchern bietet Wohnraum für Wildbienen und lockt diese in den Garten.

Von den unzähligen anderen Blütenbesuchern aus dem Insektenreich fallen lediglich Schmetterlinge auf. Würmer, Schnecken, Echsen, Vögel und Säugetiere Mitteleuropas haben mit der Blütenbestäubung allerdings tatsächlich nichts am Hut.

GENERALISTEN ❧ Unspezialisierte Insektenblüten präsentieren ihren Pollen und bieten Nektar an. Man erkennt sie daran, dass ein Vielzahl sehr unterschiedlicher Insektenarten, oft auch von unterschiedlicher Größe, die Blüten besuchen. Typisch dafür sind die Doldenblütler. Auf den Doppeldolden von Wiesen-Kerbel, Bärenklau, Wild-Karotte etc. finden wir an jedem Wegesrand diverse Bienen, Wespen, Fliegen und Käfer unterschiedlicher Größe. Leider werden nur zwei Knorpelmöhren-Arten *(Ammi)* als Sommerblumen kultiviert. Zierwert besitzen allerdings auch Gewürzkräuter der Familie. Andere unspezifische Sommerblumen finden sich bei den Korbblütlern. Wichtig ist allerdings, dass es sich um ungefüllte Sorten handelt.

Reine Nektarblumen verstecken entweder den Pollen, oder sie positionieren ihn so, dass er schwierig erreichbar ist. Nur wenige Nektarblumen lassen unterschiedlichste Insekten an ihren Nektar – so etwa Hahnenfuß *(Ranunculus)*, Mandelröschen und Atlasblume *(Clarkia)*, Kornblume *(Cyanus)* sowie die Dreifarb-Winde *(Convolvulus tricolor)*.

STRATEGIEN ❧ Die meisten Sommerblumen schränken durch Farbe, Duft, Blütezeit und/oder Form die Zahl ihrer Blütenbesucher ein. Somit ist auch eine gezieltere Bestäubung möglich. Pollen- und Nektarverschwendung halten sich in Grenzen. Die Schwarzkümmel-Arten *(Nigella)* etwa schließen durch krugförmige Nektarblätter und kleine Durchlässe zwischen Griffel, Staubblättern und Hochblättern (Jungfer im Grünen) große Insekten aus. Kleinbienen sind hier die erwünschten Bestäuber. Anders Froschgoscherl oder Löwenmaul *(Antirrhinum)* und Edelwicke *(Lathyrus odoratus)*, durch sogenannte maskierte Blüten verwehren sie zunächst jedem den Zutritt. Nur wer schwer genug ist, öffnet die Blüte und gelangt zum begehrten Nektar. Großbienen wie etwa Hummeln und Honigbienen sind die Adressaten, aber auch zu große von ihnen werden ausgeschlossen, wenn die Röhre zu eng ist. Insgesamt sind Bienenblüten oft purpurfarben, blau oder gelb.

SCHMETTERLINGSPFLANZEN ❧ Schmetterlinge bevorzugen purpurrote bzw. magentafarbene Blumen. Sie sollen einen flachen Landeplatz bieten und den Nektar in einer engen Röhre präsentieren. Dazu gehören ungefüllte Nelken *(Dianthus)*, Lein *(Linum)*, Sommer-Flammenblume *(Phlox* *drummondii)* oder *Tagetes*. Schmetterlingsblumen werden oft auch von Honigbienen besucht.

In der Nacht blühende Pflanzen bleiben in unseren Breiten den Nachtfaltern vorbehalten, wobei langröhrige seitliche Blüten wie bei Tabak, Stechapfel und manchen Wunderblumen, an denen sich Nachtfalter nicht festhalten können, nur von Schwärmern besucht werden, da diese wie Kolibris fliegend Nahrung aufnehmen. Auch einige Morgen- und Abendblüher wenden sich an Schwärmer. Dazu gehören die meisten Prunkwinden *(Ipomoea)*, aber auch die Petunie. Andere Nachtblüher sind weit geöffnet oder haben Sitzflächen, sie bieten auch anderen Arten die Möglichkeit, an den Nektar zu gelangen, hierzu gehören etwa die Nachtkerze *(Oenothera)* und die Jalapa-Wunderblume *(Mirabilis jalapa)*.

Die Rotkelch-Nachtkerze *(Oenothera glazioviana)* ernährt zahlreiche Nachtfalter-Arten.

Honigbienen sind im Gegensatz zu den meisten Wildbienen unspezialisiert – sie besuchen eine Vielzahl unterschiedlicher Blüten.

POLLENQUELLEN Neben Nektarblumen gibt es auch solche, die vorwiegend Pollen anbieten und die von Käfern und Hummeln bestäubt werden. Dazu zählen etwa Schiefblatt *(Begonia)*, Artischocke *(Cynara)*, Mohn *(Papaver)*, Nachtschatten und Tomaten *(Solanum* syn. *Lycopersicum)*. In unseren Breiten sind es Großbienen und Käfer, die Pollen sammeln – Käfer ausschließlich, Bienen benötigen dagegen immer auch Nektar. Käfer, die auf gefüllten Blüten nicht genug nahrhaften Pollen finden, fliegen nicht etwa weiter, sondern fressen stattdessen die wesentlich weniger nahrhaften Blumenblätter. Das macht Rosenkäfer so gefürchtet. Wir sollten also ungefüllte Typen europäischer Pflanzen bevorzugen. Was nicht heißt, dass wir im Garten auf andere völlig verzichten müssen.

Sommer-Flammenblumen *(Phlox drummondii)* haben typische Schmetterlingsblumen.

Raupenfutterpflanzen

Doldenblütler wie Dill, Karotte und Knorpelmöhre sind Raupenfutterpflanzen des Schwalbenschwanzes. Hierfür werden aber ausreichend große Einzelpflanzen oder sogar dichte Bestände benötigt. Von den Edelfaltern findet man lediglich Distelfalter und Admiral gelegentlich an Sommerblumen und manchmal auch an Disteln, bevorzugt Artischocke und Eselsdistel.

Von den zahlreichen Nachtfaltern seien die Schwärmer hervorgehoben, von denen einige seltene Arten auch Sommerblumen als Raupenfutterpflanzen annehmen. Die Raupen der Weinschwärmer fressen dabei gelegentlich an Fuchsien, Mandelröschen *(Clarkia)* oder anderen einjährigen Nachtkerzengewächsen, aber auch an Springkräutern wie Balsaminen und Fleißigem Lieschen. Der Nachtkerzenschwärmer bevorzugt Nachtkerzen.

Die knallig-bunte Raupe des Wolfsmilchschwärmers ist mitunter an Bergschnee *(Euphorbia marginata)* oder Mäusebäumchen/Spring-Wolfsmilch *(Euphorbia lathrys)* zu finden. Prunkwinden hingegen sind Futterpflanzen für den Windenschwärmer. Unser schwerster heimischer Falter, der Totenkopfschwärmer, legt seine Eier an Nachtschattengewächse, bevorzugt Kartoffeln und Tollkirschen, aber auch Stechapfel oder Tabak. Als Wanderfalter ziehen viele Schwärmer sowie der Distelfalter im Herbst in den Süden.

Schwalbenschwanz-Raupen leben auf zahlreichen Doldenblütlern.

Samen und Nüsse für Vögel

Sommerblumen setzen üblicherweise viel mehr Samen an als Stauden. Sie sind daher ebenfalls als Nahrungsquelle für Vögel interessant. Übliche Futtermischungen enthalten fast ausschließlich Samen und Nüsse einjähriger Arten. Zwar sind einige davon im Garten nicht zierend, doch sind die Samen oder Nüsse diverser Pflanzen für Vögel interessant. Voraussetzung ist natürlich, dass man sie stehen lässt. Das bekannteste Beispiel ist dabei natürlich die in jeder Vogelfuttermischung enthaltene Sonnenblume. Ihre Nüsse sind ölreich und bei den Vögeln überaus beliebt. Ihre Hochwüchsigkeit macht sie für Vögel relativ gefahrlos beerntbar. Zwergsorten sind weniger geeignet, da sie die Vögel in Gefahr bringen, von Beutegreifern wie Katzen erwischt zu werden. Natürlich ist die Sonnenblume nicht die einzige Nahrungsquelle für Vögel. Gut geeignet sind etwa Fuchsschwanz *(Amaranthus)*, Dill *(Anethum)*, Karde *(Dipsacus)*, Disteln wie etwa Artischocke und Eselsdistel, Sonnenhut *(Rudbeckia)* Mohrenhirse *(Sorghum)* und Tithonie *(Tithonia)*. Kleinwüchsig und daher nur bedingt geeignet sind Sommeraster *(Callistephus)*, Lein *(Linum)*, Schwarzkümmel *(Nigella)*, Hirse *(Panicum)*, Kolbenhirse *(Setaria)* und Strohblume *(Xerochrysum/Helichrysum)*. Zur katzensicheren Verwertung können die Fruchtstände abgeschnitten und

Die Nüsse der Sonnenblume sind bei Vögeln sehr beliebt.

Raupenfutter

Wer Schmetterlinge in seinem Garten haben will, der muss auch den Raupen Futter bieten. Unter den Sommerblumen gibt es einige Arten, die als Raupenfutter in Frage kommen. Kreuzblütler *(Brassicaceae)* wie Zierkohl *(Brassica)*, Levkoje *(Matthiola)*, Goldlack *(Erysimum* syn. *Cheiranthus)* und andere sowie Kapuzinerkresse *(Tropaeolum)*, Spinnenblume *(Cleome)* und Resede *(Reseda)* bieten etwa diversen Weißlingen Nahrung, wobei Senfweißling und Kleiner Kohlweißling häufig sind und letzterer als Kohlschädling auftritt. Doch sollten mittlerweile rare Arten wie Resedafalter und Großer Kohlweißling geschont, ja gefördert werden.

TIPP **Räumen Sie Ihre Beete erst nach dem Winter ab, das ist eine weitere wichtige Hilfsmaßnahme für Vögel. Denn nach dem Winter beginnt die Brutsaison und Nahrung ist dann knapp.**

höher aufgehängt werden. Oder man bietet die Samen im Futtersilo an.

Hilfe in der Brutzeit

Futter ist nicht der einzige begrenzende Faktor für die Tierwelt. Bei Vögeln ist Wasser vor dem Futter ein Problem, und erst weit nach dem Futter kommt die Zahl der zur Verfügung stehenden Nistmöglichkeiten. Doch bleiben wir kurz beim Futter. Wichtig zu wissen ist, dass die wenigsten Vögel ganzjährig Körnerfresser sind. Zumindest in der Brutzeit sind Insekten die Hauptnahrung. Daher ist Insektennahrung wichtig. Vor allem die Stängel nicht zu kleiner Einjähriger dienen als Winterquartier für viele Insekten. Außerdem wird auch Nistmaterial benötigt. Hier stehen die zarteren abgestorbenen Teile der Pflanzen hoch im Kurs, ebenso wie die Haare behaarter Fruchtstände, Früchte oder Samen. Beliebter sind allerdings Tierhaare, die Katzen- oder Hundebesitzer nach dem Bürsten ihrer Haustiere an gut sichtbaren erhöhten Stellen im Garten anbringen können.

Nisthilfen für Insekten

Nicht nur Vögel können Nisthilfen nutzen. Manche Insekten nisten in hohlen Stängeln lebender oder toter Pflanzen. Spinnen bauen Nester zwischen frischem Grün. Natürlich werden auch Staudenpflanzungen genutzt, doch bieten bunte Sommerblumenpflanzungen eine größere Strukturenvielfalt. Schließlich wachsen Sommerblumen auf offenem Boden. Diverse bodenbrütende Bienenarten – etwa Sandbienen – finden hier Brutmöglichkeiten vor, sofern der Boden nicht wie in der Gemüsekultur etwa durch regelmäßiges Harken zu stark bearbeitet wird.

Die Fruchtstände der Artischocke bieten Vögeln im Herbst und Winter ölreiche Nüsse, im Spätwinter und Frühling Nistmaterial.

Sommerblumen in Reinkultur

Klassischerweise werden Sommerblumen alleine verwendet, jedoch nur selten oder nie in Kombination mit Stauden oder Gehölzen. Der Vorteil ist die einfache Bepflanzung und Bearbeitung der Beete, ohne dass dabei andere Gewächse mit berücksichtigt werden müssen.
Dies entspricht auch dem Auftreten vieler Einjähriger in der Natur. Eine typische naturnahe Pflanzung Einjähriger ist der Acker – natürlich vorzugsweise in biologischer Landwirtschaft.

Sommerblumen-rabatten

Üblicherweise wurden Sommerblumen in eigens ihnen vorbehaltenen Beeten kultiviert – mit Ausnahme der ländlichen Vorgärten, in denen auch Zwiebelpflanzen sowie einige Gehölze und Stauden Platz fanden. Auch im Naturgarten sind reine Sommerblumenpflanzungen eine Bereicherung, auch wenn sie derzeit vielleicht unmodern sind und Staudenpflanzungen bevorzugt werden.

Beete für die Aussaat im Früjahr

Fast alle Sommerblumen können im Frühjahr gesät werden – auch diejenigen, die üblicherweise Winterannuelle sind. Insofern sind die Möglichkeiten, die Sommerblumenbeete mit Frühjahresaussaat bieten, größer als die bei Herbstsaaten. Beschränkt werden die Kombinationsmöglichkeiten allerdings dadurch, dass die zu frühe Aussaat vieler Warmkeimer zu einer unregelmäßigen Keimung führt, die zu späte Saat von Winterannuellen hat schlechtes Wachstum zur Folge. Winterannuelle sollten gesät werden, sobald der Boden nicht mehr gefroren ist, Sommerannuelle benötigen eine gewisse Mindesttemperatur.

SCHWERKEIMER ❧ Eine Ausnahme stellen Schwerkeimer wie Gämshorn *(Proboscidea)* und Stechapfel *(Datura)* dar, deren unbehandelte Samen nicht sofort keimen. Die harte Samenschale muss erst zersetzt werden, was unter feuchtkühlen Bedingungen am schnellsten passiert. Für eine Direktsaat im Frühjahr müssen die Samen daher vorbehandelt werden. Hierfür gibt es mehrere Möglichkeiten. Für eine natürliche Zersetzung werden die Samen ein bis drei Monate in feuchtem Sand

Kornblume *(Cyanus segetum,* syn. *Centaurea cyanus)* lassen sich sowohl im Herbst als auch im Frühjahr säen.

Beete für die Frühjahrssaat

Art	Vorkultur	Direktsaat	Keimtemperatur	Besonderes
Adonis (Teufelsauge)	–	8 bis 9, 3 bis 4	15 bis 18 °C	Selbststreuend
Agrostemma githago (Kornrade)	–	8 bis 9, 3 bis 5	–	Vom Aussterben bedroht, heimisch, recht neu in Kultur, selbststreuend
Anethum graveolens (Dill)	–	3 bis 9	ab 15 °C	Insektennahrung, Gewürzkraut, selbststreuend
Cerinthe major (Groß-Wachsblume)	–	3, 8 bis 9	ab 20 °C	Neu in Kultur, selbststreuend
Collinsia (Collinsie)	–	3 bis 5	15 bis 20 °C	Rar geworden
Consolida (*Delphinium*) (Feldrittersporn)	–	8 bis 10, 3 bis 5	13 bis 15 °C	Selbststreuend
Coriandrum sativum (Echt-Koriander)	–	4 bis 7	ab 15 °C	Gewürz, Insektennahrung
Cyanus segetum, syn. *Centaurea cyanus* (Kornblume)	–	8 bis 9, 3 bis 4	um 18 °C	Gefährdet, heimisch, zahlreiche bunte Zuchtsorten, selbststreuend
Dianthus chinensis (Chineser-Nelke)	2 bis 4	4 bis 5	18 bis 20 °C	Unmodern, selbststreuend
Erigeron kravinskianus (Mexikogänseblümchen)	1 bis 5	4 bis 6	13 bis 15 °C	Dauerblüher, z.T. selbststreuend
Gazania (Mittagsgold)	2 bis 4	4 bis 5	18 bis 25 °C	Dauerblüher
Helipterum (Sonnenflügel)	3 bis 4	4 bis 5	18 bis 25 °C	Trockenblume, unmodern
Limnanthes (Sumpfblume)	–	3 bis 5, 8 bis 10	–	–
Linaria (Leinkraut)	2 bis 4	4 bis 5	ab 20 °C	Lichtkeimer
Malope (Trichtermalve)	2 bis 4	5	20 bis 30 °C	Lichtkeimer
Moluccella laevis (Muschelblume)	3 bis 4	In warmen Regionen 4 bis 5	ab 18 °C	Rar geworden, in ihrer Heimat gefährdet
Nemophila (Hainblume)	–	2 bis 4, 9 bis 10	–	Selbststreuend
Nolana (Glockenwinde)	2 bis 5	In warmen Regionen 4 bis 5	18 bis 20 °C	Lichtkeimer, Dauerblüher
Orlaya grandiflora (Groß-Strahldolde)	–	3 bis 5, 8 bis 9	15 bis 20 °C	Heimisch, gefährdet, Insektennahrung
Papaver (Mohn)	–	3 bis 5, 8 bis 10	13 °C	Lichtkeimer, Insektennahrung, z.T. heimisch, z.T. Gemüse oder Gewürz
Phlox drummondii (Sommer-Flammenblume)	2 bis 4	4 bis 5	20 bis 25 °C	Unmodern, z.T. selbststreuend
Salpiglossis (Trompetenzunge, Brokatblume)	1 bis 3	In warmen Regionen 4 bis 5	ab 20 °C	Rar geworden, in warmen Regionen selbststreuend, für Tiere uninteressant
Silene, Eudianthe, Atocion	–	3 bis 5, z.T. 8 bis 9	15 bis 18 °C	Unmodern, z.T. selbststreuend

oder feuchter Erde aufbewahrt (Stratifikation). Damit die Keimung nicht vorzeitig erfolgt, bewahrt man das Saatgut dabei im Kühlschrank auf (Kaltstratifikation). Für die mechanische Zerstörung wird die Korkschicht (wie beim Gämshorn) oder harte Samenschale (wie beim Stechapfel) mittels Feile, Messer und Schere vorsichtig abgelöst oder teilweise eingeritzt, und zwar ohne den Embryo zu schädigen. So kann Feuchtigkeit eindringen und die Keimung auslösen.

Klatsch-Mohn *(Papaver rhoeas)* nutzt auch kleinste Lücken zwischen Stauden, hier Fettwiesen-Margerite *(Leucanthemum ircutianum)*.

PFLANZENHORMONE § Für die chemische Zerstörung arbeitet man schonend mit dem Pflanzenhormon Giberellinsäure, das es in Tablettenform im Fachhandel gibt. Als „Brachialmethode" wird bisweilen auch konzentrierte Schwefelsäure verwendet, als Naturgärtner sollte man aber die Finger davonlassen.

Bei gemischten Saaten ist auch auf die Höhe zu achten. Entweder müssen die niedrigen Arten überwiegen oder es wird gestaffelt in Höhenzonen gepflanzt – niedrige im Vordergrund, hohe im Hintergrund.

Selbstaussaaten sind möglich, doch werden Winterannuelle schon im Herbst keimen und Sommerannuellen bei fehlender Bodenbearbeitung im Vorfrühling keinen Raum lassen.

Beete für die Herbstsaat

Die Herbstsaat hat gegenüber der Frühjahrssaat den Vorteil, dass Winterannuelle weitaus kräftiger werden und die Blütezeit früher beginnt. Der Nachteil ist, dass Winterannuelle nach der früheren Blütezeit üblicherweise absterben und das Beet so unansehnlich wird. Eine Möglichkeit damit umzugehen ist die Zwischensaat von raschwüchsigen Gemüsepflanzen mit kurzer Kulturzeit, etwa Salat, Radieschen oder jung zu erntende Karotten.

Gesät werden die Sommerblumen in Abhängigkeit vom Lokalklima ab Ende August bis Mitte Oktober. Die Pflanzen sollen bei Frosteintritt das Keimblattstadium durchlaufen haben, aber noch im Rosettenstadium sein, also keine Stängel treiben. Die Selbstaussaat dieser Blumen erhält das Beet – auch wenn Zwischensaaten durchgeführt werden und der Boden vor deren Aussaat umgegraben wird.

Beete für vorkultivierte Pflanzen

Mit vorkultivierten Pflanzen können flächig und einfarbig blühende Teppiche, Pflanzmuster und andersfarbigen Schriftzüge besser realisiert

Beete für die Direktsaat im Herbst

Art	Vorkultur	Direktsaat	Keimtemperatur	Besonderes
Amberboa (Centaurea) (Bisamflockenblume)	–	4 bis 6, 9	ab 15 °C	Duft, Vogelnahrung, rar geworden
Anthriscus cerefolium (Garten-Kerbel)	–	8 bis 10, 3 bis 6	–	Heimisch, Insektennahrung, Gewürz
Antirrhinum majus (Garten-Froschgoscherl, bdt. Löwenmaul)	1 bis 3	4 bis 8	15 bis 20 °C	Dauerblüher, selbststreuend*
Cerinthe major (Groß-Wachsblume)	–	3, 8 bis 9	ab 20 °C	Neu in Kultur, selbststreuend*
Cerinthe minor (Klein-Wachsblume)	–	3 bis 9	ab 20 °C	Heimisch, neu in Kultur, selbststreuend
Chrysanthemum siehe *Tanacetum*				
Crepis rupra (Rot-Pippau)	–	3 bis 5, 9 bis 10	15 bis 20 °C	Insektennahrung, selbststreuend
Delphinium grandiflorum (Zwerg-Rittersporn)	–	4 bis 5, 8 bis 10	unter 10 °C	
Glaucium (Hornmohn)	–	3 bis 5, 8 bis 9	–	–
Gypsophila elegans (Sommer-Schleierkraut)	–	3 bis 5, 9 bis 10	Ab 15 °C	Rar geworden
Gypsophila muralis (Mauer-Gipskraut)	–	3 bis 5, 9 bis 10	ab 15 °C	Neu in Kultur, heimisch, saure Böden, selbststreuend
Iberis (Schleifenblume)	–	2 bis 4, 9 bis 10	–	Insektennahrung, rar geworden, selbststreuend
Lagurus ovatus (Hasenschwanzgras)	–	9, 4	15 bis 18 °C	Trockenblume, selbststreuend
Limnanthes (Sumpfblume)	–	3 bis 5, 8 bis 10	–	
Lobularia maritima (Duftsteinrich)	1 bis 3	3 bis 8	–	Duft, Insektennahrung, selbststreuend
Michauxia (Türkenglocke)	2 bis 4	4 bis 5, 8 bis 9	15 bis 18 °C	Rar geworden
Myosotis (Vergissmeinnicht)	–	5 bis 8	15 bis 20 °C	Heimisch, selbststreuend
Nemophila (Hainblume)	–	2 bis 4, 9 bis 10		Selbststreuend
Orlaya grandiflora (Groß-Strahldolde)	–	3 bis 5, 8 bis 9	15 bis 20 °C	Heimisch, gefährdet, Insektennahrung
Reseda odorata (Duft-Wau)	1 bis 12	4 bis 9	12 bis 15 °C	Duft, Dauerblüher, unmodern, selbststreuend
Scabiosa (Grindkraut)	–	3 bis 5, 8 bis 9	15 bis 20 °C	Selbststreuend
Silene, Eudianthe, Atocion	–	3 bis 5, z.T. 8 bis 9	15 bis 18 °C	Unmodern, z.T. selbststreuend

werden als durch Direktsaat. Bei dieser können nämlich unterschiedliches Wachstum und ein zeitverschobener Blühbeginn der Pflanzen sowie Saatgutverschwemmung oder -verunreinigung zu unschönen Ergebnissen führen. Dabei werden vor allem Dauerblüher verwendet. Auch Arten tropischer Regionen, die in unserem Klima bei Direktsaat nicht oder spät zur Blüte gelangen, müssen vorkultiviert werden. Allerdings handelt es sich dabei meist auch um Dauerblüher. Welche Arten vorkultiviert werden müssen, kann regional recht unterschiedlich sein. Was im Raum Wien mühelos aus Direktsaat wächst, mag im Salzkammergut erst im Hochsommer eine genügend hohe Keimtemperaturen vorfinden.

TIPP **Auch Pflanzenverwendung unterliegt Modewellen. So verschwinden jedes Jahr Sommerblumensorten, die nicht mehr angebaut werden. Wer abseits jeder Mode gärtnern will, für den ist die Erhaltung „alter" Zierpflanzen eine sehr lohnende Beschäftigung.**

Die getupften Sorten der Garten-Gauklerblume *(Mimlus* x *hybridus)* wichen in den letzten Jahren modebedingt einfarbigen Typen.

Sommerblumen für die Vorkultur

Art	Vorkultur	Direktsaat	Keimtemperatur	Besonderes
Brachyscome (Australiengänseblümchen)	2 bis 4	–	18 bis 21 °C	Dauerblüher
Convolvulus tricolor (Dreifarb-Winde)	3 bis 4	4 bis 5	ab 21 °C	Dauerblüher, rar geworden
Coreopsis (Mädchenauge)	2 bis 4	4 bis 5	18 bis 20 °C	Insektennahrung, Dauerblüher
Cosmos (Schmuckkörbchen)	3 bis 4	4 bis 5	21 bis 24 °C	Dauerblüher, selbststreuend
Emilia	2 bis 4	3 bis 5	ab 15 °C	Rar, Dauerbüher
Erigeron kravinskianus (Mexikogänseblümchen)	1 bis 5	4 bis 6	13 bis 15 °C	Dauerblüher, z.T. selbsstreuend
Felicia (Kapaster)	1 bis 4	4 bis 5	18 bis 20 °C	
Gazania (Mittagsgold)	2 bis 4	4 bis 5	18 bis 25 °C	Dauerblüher
Lavatera trimestris (Bechermalve)	2 bis 4	3 bis 5	ab 18 °C	Lichtkeimer
Linum grandiflorum (Rot-Lein)	9 bis 10, frostfrei überwintern	3 bis 5	15 bis 20 °C	Lichtkeimer, Vogelfutter
Lobularia maritima (Duftsteinrich)	1 bis 3	3 bis 6	–	Duft, Insektennahrung, selbststreuend
Malope (Trichtermalve)	2 bis 4	5	20 bis 30 °C	Lichtkeimer
Michauxia (Türkenglocke)	2 bis 4	4 bis 5, 8 bis 9	15 bis 18 °C	Rar geworden
Mirabilis (Wunderblume)	2 bis 4	4 bis 5	20 bis 25 °C	Dauerblüher, Insektennahrung, selbststreuend, kann frostfrei überwintert werden
Nolana (Glockenwinde)	2 bis 5	In warmen Regionen 4 bis 5	18 bis 20 °C	Lichtkeimer, Dauerblüher
Ocimum (Basilikum)	1 bis 5	5 bis 6	ab 20 °C	Insektennahrung, Gewürz
Phlox drummondii (Sommer-Flammenblume)	2 bis 4	4 bis 5	20 bis 25 °C	Unmodern, z.T. selbststreuend
Portulaca grandiflora (Portulakröschen)	2 bis 3	4 bis 6	18 bis 21 °C	Dauerblüher, selbststreuend, für Tiere uninteressant
Reseda odorata (Duft-Wau)	1 bis 12	4 bis 9	12 bis 15 °C	Duft, Dauerblüher, unmodern, selbststreuend
Ricinus communis (Wunderbaum)	2 bis 3	5	20 bis 25 °C	Für Tiere uninteressant, sehr giftig
Rudbeckia (Sonnenhut)	2 bis 3	4 bis 5	20 bis 25 °C	Insektennahrung, selbststreuend
Tagetes (Samtblume, Studentenblume, Türkische Nelke)	3 bis 4	4 bis 5	20 bis 25 °C	Gewürz, Bodenver besserung (Nematodenbekämpfung)
Thunbergia (Schwarzäugige Susanne, Thunbergie)	2 bis 4	–	20 bis 25	Kletterpflanze, Dauerblüher, für Tiere uninteressant
Tithonia (Tithonie)	2 bis 3	–	20 bis 25 °C	

Der „Zieracker“

Was liegt näher, als sich im Naturgarten ein Beispiel an der Natur zu nehmen? Hier schaffen wir doch die Lebensräume, in denen Sommerblumen von Natur aus leben! Viele Arten stammen von Äckern. Einen solchen kann man auch im Garten anlegen, mit oder ohne Getreide. Getreide keimt sofort nach der Reife im Hochsommer. Es blüht dann im Herbst, ohne Samen bilden zu können, und erfriert

Geruchlos-Ruderalkamille *(Tripleurospermum inodorum)* im Getreideacker.

Es muss jährlich neu gesät werden, da es als Kulturpflanze keine Samenbanken bildet, sondern sofort nach der Aussaat keimt, egal ob die Bedingungen dazu gut sind oder nicht. Es muss daher zur richtigen Keimzeit gesät werden.

Viele Sommerblumen haben jedoch noch ihren natürlichen Rhythmus und können sich selbst aussäen. Getreide kann dazugesät werden, muss aber nicht. Der Zieracker funktioniert auch ohne Gräser. Wichtig ist nur, den richtigen Rhythmus von Mahdzeitpunkt und Umackern beizubehalten. Den Rest besorgt die Natur. Statt domestiziertem Getreide können auch andere einjährige Gräser verwendet werden, die selbststreuend sind. Die Einsaat von Getreide hat aber einen großen Vorteil: Reifes Getreide zeigt den standortbedingten richtigen Schnittzeitpunkt, denn der kann in Abhängigkeit vom Kleinklima durchaus von dem der Felder der Umgebung abweichen.

Ein Sommerblumenbeet für intelligente Faule

Am einfachsten zu verwirklichen ist die Winterung. Die Saat erfolgt dazu im Herbst, am besten im September. Im zeitigen Frühjahr blühen bereits die ersten Frühlingsephemerophyten (siehe Seite 7). Diese werden selten gesät, sondern stammen meist aus den natürlichen Samenbanken. Die typischen Ackerblumen und andere Winterannuelle sowie einige raschwüchsige Sommerannuelle schließen

Sommerblumen für intelligente Faule

Art	Vorkultur	Direktsaat	Keimtemperatur	Besonderes
Adonis flammea (Brenn-Teufelsauge)	–	8 bis 9, 3 bis 4	15 bis 18 °C	Stark gefährdet, heimisch, selbststreuend
Amberboa (*Centaurea*) *moschata* (Bisamflockenblume)	–	4 bis 6, 9	ab 15 °C	Duft, Vogelnahrung, rar geworden
Anethum graveolens (Dill)	–	3 bis 9	ab 15 °C	Insektennahrung, Gewürzkraut, selbststreuend
Anthriscus cerefolium (Garten-Kerbel)	–	8 bis 10, 3 bis 6	–	Heimisch, Insektennahrung, Gewürz
Cerinthe major (Groß-Wachsblume)	–	3, 8 bis 9	ab 20 °C	Neu in Kultur, selbststreuend*
Cerinthe minor (Klein-Wachsblume)	–	3 bis 9	ab 20 °C	Heimisch, neu in Kultur, selbststreuend
Cheiranthus siehe *Erysimum*				
Chrysanthemum siehe *Glebionis, Tanacetum*				
Clarkia unguiculata (*elegans*) (Mandelröschen)	9 bis 10, frostfrei überwintern	3 bis 5	ab 15 °C	Rar geworden, selbststreuend
Crepis rupra (Rot-Pippau)	–	3 bis 5, 9 bis 10	15 bis 20 °C	Insektennahrung, selbststreuend
Cynoglossum amabile (Chinavergissmeinnicht)	–	3 bis 5	–	Rar geworden, selbststreuend
Erysimum (Lack, Schöterich)	–	4 bis 8	18 bis 20 °C	Z.T. Duft, Insektennahrung
Euphorbia marginata (Schnee auf dem Berge, Bauernedelweiß)	–	4 bis 5	15 bis 18 °C	Selbststreuend
Glebionis (*Chrysanthemum*) *carinatum, G. coronaria G. segetum* (Wucherblume)	–	3 bis 6	ab 15 °C	Gewürz, Insektennahrung, z.T. selbststreuend
Godetia siehe *Clarkia*				
Gypsophila elegans (Sommer-Schleierkraut)	–	3 bis 5, 9 bis 10	ab 15 °C	Rar geworden
Iberis (Schleifenblume)	–	2 bis 4, 9 bis 10	–	Insektennahrung, rar geworden, selbststreuend
Lagurus ovatus (Hasenschwanzgras)	–	9, 4	15 bis 18 °C	Trockenblume, selbststreuend
Lunaria annua (Sommer-Mondviole, Garten-Silberblatt)	–	5 bis 8	18 bis 25 °C	Duft, Insektennahrung, selbststreuend
Matricaria chamomilla (Echt-Kamille)	–	4 bis 5	ab 18 °C	Heimisch, Heilkraut, selbststreuend
Phacelia (Büschelschön)	–	3 bis 5	–	Z.T. selbststreuend
Phlox drummondii (Sommer-Flammenblume)	2 bis 4	4 bis 5	20 bis 25 °C	Unmodern, z.T. selbststreuend
Scabiosa (Grindkraut)	–	3 bis 5, 8 bis 9	15 bis 20 °C	Selbststreuend

sich ab Mai an. Zum Zeitpunkt der Kornreife, wenn der Flor großteils beendet und die Samenreife bei vielen Gewächsen erreicht ist, wird gemäht. Dazu werden alle Gewächse etwa 10 cm über dem Boden abgeschnitten. Das Schnittgut muss zwei bis drei Tage liegen bleiben und trocknen. Dann wird es kompostiert – vorzugsweise gehäckselt. Nach dem Abräumen des Mähgutes treiben einige Arten erneut durch, andere beginnen jetzt erst ihr Wachstum – das sind die Stoppelackerpflanzen. Zu der Zeit, in der die Winterungen in den umliegenden Feldern gesät werden, wird der Zieracker umgegraben, tief gefräst oder umgepflügt, wobei Getreide eingesät werden kann. Die Bodenbearbeitung zu diesem Zeitpunkt ist unverzichtbar. Nur so bleibt dieser Biotop über Jahre stabil. Andernfalls machen sich ausdauernde Arten breit, welche die Einjährigen allmählich verdrängen.

Bei fehlender Bodenbearbeitung übernehmen Halbstauden und Stauden wie Gewöhnlich-Natternkopf und Färber-Hundskamille das Regiment. Der Klatsch-Mohn ist die letzte Ackerpflanze, die vereinzelt noch wächst.

PFLEGEARBEITEN Beständiges Jäten kann die Situation auch nicht wesentlich verbessern, da sich die Krume schließt und Samen der Sommerblumen nicht mehr in den Boden eindringen können bzw. die Samen in der Erde keine idealen Keimbedingungen mehr vorfinden. Durch die Bodenbearbeitung werden unerwünschte Sommerannuelle wie Stauden in die Schranken gewiesen. Versuche im niederösterreichischen Weinviertel ergaben, dass in derartigen Pflanzungen, abgesehen von Schnitt und Bodenbearbeitung einmal jährlich, keine weiteren Arbeiten – wie etwa Beikräuter entfernen – notwendig sind. Sogar in stark durch Gänsefußsamen belastetem Boden kann sich diese Pflanze durch den Bearbeitungsrhythmus nicht durchsetzen und stört das Bild nicht. Lediglich Winde und Quecke mussten teilweise bekämpft werden. Hat man sie einmal unter Kontrolle, so ist das Neueinwandern leichter zu unterbinden.

Wildpflanzen einbeziehen

Einjährige Gräser wie Trespen *(Bromus)* bieten eine durchaus attraktive Ergänzung zu den Zierblumen, Winterannuelle, wie diverse Ehrenpreis-Arten *(Veronica)*, führen bereits ab März zu einem bunten Bild. In feuchteren Gebieten und bei Stickstoffüberdüngung kann die Vogel-Sternmiere oder Hühnerdarm *(Stellaria media)* jedoch durch überstarkes Wachstum ein Problem darstellen, dem man durch eine Abmagerung des Bodens beikommen kann. Dies geschieht auf leh-

TIPP **Sie können das „Experiment Zieracker" auf kleiner Fläche versuchen. Bereits 2 bis 3 m² können mehreren Arten Heimat bieten. Die Fläche kann bei Erfolg jederzeit durch Umarbeiten des Bodens erweitert werden. Zum Artenreichtum: bis zu 10 Arten je m² sind ein guter Schnitt.**

migen bis tonigen Böden durch Einarbeiten einer ein bis drei Zentimeter dicken Quarzsand-Schicht, je nach Tongehalt. Bei lockeren Böden sollten ein bis zwei Jahre lang Starkzehrer wie Erdapfel, Kukuruz oder Kürbis ohne Düngung angebaut werden. Die Samen der Ackerblumen überdauern im Boden diese Zeit mühelos. Auch das Abernten des Hühnerdarms als Salat, Spinat, Stubenvogel- oder Hühnerfutter ist eine Möglichkeit zu ihrer Reduktion. Relativ schmucklos ist der Zieracker nur unmittelbar nach einer Mahd, allerdings auch in der ersten Maihälfte sowie im Herbst, wenn es keine Blüten gibt.

Der Gewöhnlich-Stechapfel *(Datura stramonium)* zählt zu unseren giftigsten Wildpflanzen.

Schönheiten im Stoppelacker

Wie bereits erwähnt, bietet auch der Stoppelacker nach der Mahd ein buntes Bild. Pflanzen, die noch nicht zur Samenreife gelangt sind, treiben erneut aus und blühen wieder. Niedrig wachsende Arten, die spät keimen und lichtbedürftig sind, nutzen die oftmals kurze Zeit zwischen Mahd und Umpflügen, um zu blühen und Samen zu bilden.

Der Trick mit der Asche

Durch das Verbot des Abbrennens der Felder werden Tiere geschont und auch einige Pflanzen profitieren davon – etwa der neophytische Orient-Rittersporn. Der Böhmen-Strochschnabel *(Geranium bohemicum)* ist jedoch eine auf Brand angewiesene Stoppelackerpflanze, die inzwischen arealweit vom Aussterben bedroht ist. Unter Kulturbedingungen kann die Art durch das Streuen frischer, heißer Grillkohlenasche nach der Mahd und anschließendem Wässern – wegen der Brandgefahr – gefördert werden. Bei Vorkultur keimt sie auch ohne Asche. Saatgut ist in England erhältlich, aber nicht ganz billig.

Eine Art, die vor der Mahd nicht zur Samenreife gelangt, ist der Orient-Feldrittersporn *(Consolida hispanica*, syn. *Delphinium orientale)*. Er ist der am spätesten blühende Feldrittersporn. Die aufrechte, bis 170 cm hohe Pflanze beginnt zum Mähzeitpunkt zu blühen. Im Stoppelacker wachsen seitliche Austriebe sowie eine kriechende, verzwergte Spätform. Diese Pflanzen bilden Samen, die ausreifen können.

Ergänzung durch Zwiebelpflanzen für Frühjahr und Herbst

Eine Besonderheit der Winterung ist die Möglichkeit, ergänzend Zwiebel- und Knollenpflanzen aus dem Ackerland einzubringen. Groß ist die Zahl der Geophyten, die früher in Äckern wuchsen und heute weniger durch Herbizide als durch eine Boden-

Pflanzen für den Stoppelacker

Art	Vorkultur	Direktsaat	Keimtemperatur	Besonderes
Anethum graveolens (Dill)	–	3 bis 9	ab 15 °C	Insektennahrung, Gewürzkraut, selbststreuend
Antirrhinum majus (Garten-Froschgoscherl, Löwenmaul)	1 bis 3	4 bis 8	15 bis 20 °C	Dauerblüher, selbststreuend
Chrysanthemum siehe *Glebionis, Tanacetum*				
Crepis rupra (Rot-Pippau)	–	3 bis 5, 9 bis 10	15 bis 20 °C	Insektennahrung, selbststreuend
Datura stramonium (Gewöhnlich-Stechapfel)	–	10 bis 4	20 bis 25 °C	Lange Keimdauer (bis 2 Monate), bei Frühjahres-Freilandsaat stratifizieren, Dauerbüher, selbststreuend, sehr giftig
Delphinium siehe auch *Consolida*				
Erigeron kravinskianus (Mexikogänseblümchen)	1 bis 5	4 bis 6	13 bis 15 °C	Dauerblüher, z.T. selbsstreuend
Eschscholzia (Goldmohn, Schlafmützchen)	–	3 bis 6, 9 bis 10	ab 10 °C	Dauerblüher, selbststreuend
Gaillardia (Kokardenblume)	3 bis 4	4 bis 5	ab 20 °C	Lichtkeimer, selbststreuend, Bodenverbesserer
Glebionis (*Chrysanthemum*) *carinatum, G. coronaria G. segetum* (Wucherblume)	–	3 bis 6	ab 15 °C	Gewürz, Insektennahrung, z.T. selbststreuend
Gypsophila elegans (Sommer-Schleierkraut)	–	3 bis 5, 9 bis 10	ab 15 °C	Rar geworden
Malcolmia (Meerviole, Lambertveilchen)	–	3 bis 6	ab 14 °C	Duft, z.T. selbststreuend
Malva sylvestris (Wild-Malve)	2 bis 3	3 bis 10	20 °C	heimisch, selbststreuend
Matricaria chamomilla (Echt-Kamille)	–	4 bis 5	ab 18 °C	heimisch, Heilkraut, selbststreuend
Orlaya grandiflora (Groß-Strahldolde)	–	3 bis 5, 8 bis 9	15 bis 20 °C	Heimisch, gefährdet, Insektennahrung
Phlox drummondii (Sommer-Flammenblume)	2 bis 4	4 bis 5	20 bis 25 °C	Unmodern, z.T. selbststreuend
Portulaca grandiflora (Portulakröschen)	2 bis 3	4 bis 6	18 bis 21 °C	Dauerblüher, selbststreuend, für Tiere uninteressant
Verbena (Eisenkraut), exklusive *Glandularia*	2 bis 4	3 bis 5	15 bis 20 °C	Insektennahrung, Heilkraut, alle echten Verbenen wachsen aufrecht und haben gestreckte Blütenähren!
Viola (Stiefmütterchen, Garten-Hornveilchen)	2 bis 3	4 bis 8	15 bis 18 °C	Für Tiere uninteressant

verdichtung und zu tiefes Pflügen aus dem Ackerland fast vollständig verdrängt sind. Einige kommen auch in anderen Lebensräumen durchaus häufig vor, manche landeten auf den Roten Listen bedrohter Arten. Einige dieser Arten schließen die Lücke zwischen den Blütezeiten der Frühlingsephemerophyten und der üblichen Ackerpflanzen.

Zwiebeln und Knollen § Wichtig für ihre Kultur ist, dass nicht umgegraben oder gefräst wird, sondern seicht gepflügt. Arten mit oberflächennahen Zwiebeln wie der stark gefährdete Acker-Gelbstern *(Gagea villosa)* benötigen

Die Schopf-Traubenhyazinthe *(Muscari comosum)* war früher in Äckern nicht selten. Heut ist die im Mai blühende Art gefährdet.

Rau-Sonnenhut *(Rudbeckia hirta)* und Mähnen-Gerste *(Hordeum jubatum)* eignen sich für Sommerungen, wo sie selbststreuend sind. Dahlien können jährlich dazugepflanzt werden.

eine Bodenbearbeitung, um nicht abzusterben, dürfen aber nicht zu tief in den Boden gelangen. Zwiebeln und Knollen von Arten die tiefer sitzen wollen, soll man dagegen nicht bewegen. Vor allem die Position der Triebknospe gegenüber dem Hinterende von Zwiebel oder Knolle darf sich nicht verändern. Schwerer noch wiegt aber die Beschädigung der Dauerorgane durch Spaten, Harke oder Pflugscharen.

Empfehlenswerte Zwiebelpflanzenarten sind neben den heimischen Arten vor allem asiatische Steppenpflanzen wie die Tulpe, aber auch mediterrane Knollenpflanzen wie die Acker-Siegwurz *(Gladiolus segetum)*. Völlig ungeeignet sind sämtliche Narzissengewächse wie Schneeglöckchen, Knotenblume und Narzisse sowie sämtliche wald- und wiesenbewohnenden Arten.

Zwiebelpflanzen für Früjahr und Herbst

Art	Status	Besonderes
Allium *atroviolaceum* (Schwarzviolett-Lauch)	Exotische Art	–
Allium sativum (Knoblauch)	Kulturpflanze	–
Arum cylindraceum (Südost-Aronstab)	Heimisch	Bei uns in Auwäldern heimisch, wächst aber auch vollsonnig und sommertrocken
Honorius (Ornithogalum) (Gewöhnlich-Nickmilchstern)	Eingebürgert	*Ornithogalum nutans* aus dem Handel sind meist Hybriden
Iris danfordiae (Winter-Schwertlilie)	Exotische Art	Nur für sommertrockene Lagen, einer der ersten Frühjahrsblüher, blühfaul
Iris x hollandicum (Schnitt-Iris)	Zierpflanze	Nur für sommertrockene, wintermilde Lagen
Iris reticulata (Netz-Schwertlilie)	exotische Art	Einer der ersten Frühjahrsblüher
Muscari macrocarpum (Gelb-Traubenhyazinthe)	Exotische Art	Alte Duftpflanze, in Vergessenheit geraten
Muscari muscarimi (ambrosiacum) (Moschus-Traubenhyazinthe)	Exotische Art	Alte Duftpflanze, in Vergessenheit geraten
Tulipa x clusiana (Damen-Tulpe)	Zierpflanze	Nur für sommertrockene Lagen
Tulipa grengiolensis (Schweiz-Tulpe)	Endemischer Neophyt (Neoendemit)	Am einzigen Vorkommen vom Aussterben bedroht

Pflanzen für die dauerhafte Sommerung

Art	Vorkultur	Direktsaat	Keimtemperatur	Besonderes
Amberboa (*Centaurea*) *moschata* (Duft-Bisam-flockenblume)	–	4 bis 6, 9	ab 15 °C	Duft, Vogelnahrung, rar geworden
Anethum graveolens (Dill)	–	3 bis 9	ab 15 °C	Insektennahrung, Gewürzkraut, selbststreuend
Centaurea siehe *Amberboa*				
Commelina communis (Gewöhnlich-Tagblume, Sommertradeskantie)	–	3 bis 5	Ab 15 °C,	Dauerblüher, rar geworden, Stratifizierung ratsam, selbststreuend
Coreopsis (Mädchenauge)	2 bis 4	4 bis 5	18 bis 20 °C	Insektennahrung, Dauerblüher
Eschscholzia (Goldmohn, Schlafmützchen)	–	3 bis 6, 9 bis 10*	ab 10 °C	Dauerblüher, selbststreuend
Helianthus (Sonnenblume)	–	3 bis 5	ab 15 °C	Insektennahrung, Vogelfutter, selbststreuend

Die dauerhafte Sommerung – ein Problemfall?

Etwas schwieriger zu handhaben ist die Sommerung – also ein Zieracker mit Sommerannuellen. Dabei wird im Frühling gepflügt, geharkt oder umgegraben. Die Reste der über den Winter als Vogelfutter und zur Insektenüberwinterung stehen gelassenen Pflanzenreste können dabei mit eingearbeitet werden. Die Schwierigkeit bei Versuchspflanzungen, im Weinviertel, bestand darin, dass Gänsefuß *(Chenopodium)* überhand nahm. Bei einer Umstellung auf Winterung verschwand der Gänsefuß für den Zeitraum dieser Kultur und war danach sofort wieder da. Man muss also davon ausgehen, dass Sommerungen pflegeintensiver sind und deshalb kleinflächiger verwendet werden sollten. Auch die zierenden Arten dieser Gattungen, etwa Baumspinat *(Chenopodium giganteum)*, zierende exotische Fuchsschwanz-Arten *(Amaranthus)* oder Garten-Melde *(Atriplex hortensis)* etc. können den Kampf um einen Platz ohne jätende Hilfe nicht gewinnen. Vermutlich müssten die zierenden Arten in der Samenbank nach mehreren Jahren Arbeit erst einmal überwiegen, bevor Sie die Bearbeitung zurücknehmen können. Die Bodenbearbeitung erfolgt im Frühling, üblicherweise im April. Dabei werden die Frühjahresephemerophyten eingearbeitet und Sommerannuelle gesät. Einige kurzlebige Arten wachsen sehr rasch und beginnen den Flor schon im Juni. Die Hauptblühzeit ist dann von Juli bis August.

Verwertbare Sommerblumen und Beikräuter

Natürlich kann auch der Mensch nicht nur von der Schönheit der Sommerblumen profitieren. Oft schließen Nutzen und Zierwert einander nicht aus, etwa bei Dill *(Anethum)*, Boretsch *(Borago)*, Ringelblume *(Calendula)*, Koriander *(Coriandrum)*, Buchweizen *(Fagopyrum)*, Basilikum *(Ocimum)* oder Kapuzinerkresse *(Tropaeolum)*. Wobei hier neben Nahrungspflanzen mit der Ringelblume schon eine Heilpflanze genannt ist. Tatsächlich sind mehr Arten nutzbar als vielfach angenommen. Bei vielen Pflanzen sind etwa die Blüten essbar, wie beispielsweise bei allen Nelken und Glockenblumen, und außerdem eine schöne Dekoration von Gerichten. Bedenken Sie aber bitte, dass es auch giftige, ja tödlich giftige Sommerblumen gibt, etwa den wunderschönen Fingerhut *(Digitalis)* und den Wunderbaum *(Rizinus)*, dessen todbringende bohnenähnliche Samen verführerisch nussig duften und schmecken, aber bereits bei Berührung zu Hautreizungen führen können.

Besonderheiten

Blättert man etwa hundert Jahre alte Gartenbücher und Zeitschriften durch, so stößt man auf eine Reihe von Sommerblumen, die heute völlig unbekannt sind. Andere werden wieder als große Neuigkeiten angepriesen oder sind gesuchte Raritäten. Dafür ist die Sortenfülle an Tagetes oder Petunien so groß wie nie zuvor, wobei sich viele Sorten kaum mehr voneinander unterscheiden. Oft ist eine um weniger als eine Woche kürzere Kulturdauer bis zur Vermarktungsfähigkeit das wesentliche Kriterium einer Sorte und nicht etwa ein äußeres Merkmal.

Vogel-Sternmiere *(Stellaria media)* ist roh oder gekocht ein gutes Gemüse.

Blaudolde ❧ Auch im Gartenbau haben wir es mit Modeerscheinungen zu tun. Einige wenige Arten mit wechselvoller Geschichte möchte ich Ihnen hier vorstellen.

Mitte des 19. Jahrhunderts von Baron Carl von Huegel aus Australien nach Wien gebracht, machte die „Hügelie" bald eine steile Karriere als Zierpflanze. Eigentlich heißt sie Blaudolde *(Trachymene coerulea)*, doch ist sie als Saatgut meist unter dem Namen *Didiscus coeruleus* erhältlich. Gärtnerisch hieß sie früher *Huegelia caerulea*, obwohl schon bald nach der Erstbeschreibung unter diesem Namen klar war, dass er ungültig ist. Das schöne Blau der Blütendolden bescherte ihr allgemeine Beliebtheit. Ihre Vorliebe für Sandböden machte sie zudem für Standorte interessant, an denen wenig anderes gedieh. Auch die Vermarktung war rentabel, da Sand und Mist ein übliches und preiswertes Kultursubstrat waren. Mit der allgemeinen Umstellung auf Torfsubstrate kam das Aus für die Hügelie. Bis in die 1980er wurde zwar noch regelmäßig Saatgut angeboten, doch heute ist auch dieses kaum mehr erhältlich. Ein Versuch der Wiedereinführung dieser Pflanze auf dem Markt zum 165. Jubiläum der Österreichischen Gartenbau-Gesellschaft, deren Gründer ebenfalls Baron von Huegel war, scheiterte am Unwissen um die Kultur.

Gämshorn ❧ Das Lousiana-Gämshorn *(Proboscidea lousianica)* und die Gelb-Einhornpflanze *(Ibicellia lutea)* waren noch vor hundert Jahren regelmäßig, wenn auch selten, wegen ihrer ungewöhnlichen Früchte und hübschen Blüten in Kultur. Vermutlich war es der unangenehme Geruch der klebrigen Pflanzen und die unregelmäßige Keimung, welche die Pflanze in Ungnade fallen ließ. Im warmen oder halbwarmen Mistbeet erfolgte die Keimung der unbehandelten Samen durch aufsteigende Zersetzungsgase innerhalb von etwa drei Wochen. Im Torfsubstrat oder im Freiland kann die Keimung einzelner Samen mehrere Jahre benötigen, Keimungen innerhalb von drei Wochen sind hier die Ausnahme. In letzter Zeit kommt das Gämshorn bei alternativen Gemüsegärtnern wieder in Mode, da die jungen Früchte eingelegt gegessen werden können. Die Art wird regelmäßig in Internetforen gesucht und angeboten.

Gämshorn *(Proboscidea)* gehört zu den Schwerkeimern.

Sommertradeskantie ❧ Die Gewöhnliche Tagblume *(Commelina vulgaris)* kam vermutlich erst vor etwa hundert Jahren nach Europa. Sie war nie im Handelssortiment enthalten, dennoch hat sie sich als „Sommertradeskantie" im ländlichen Raum durchgesetzt. Von Nachbar zu Nachbar weitergegeben, war sie bald in vielen Vorgärten zu finden. Mit steigendem Wohlstand und billigerem Saatgut wurde die etwas wuchernde Art aus den Gärten verbannt und verschwand im Laufe der 1980er Jahre fast vollständig.

Alte Sorten neu entdeckt

Einige Sommerblumen vergangener Tage sind dank Auslesezucht und Klimaerwärmung in den letzten Jahren als Stauden zurückgekehrt. Dazu zählen die Blaue Rasselblume *(Catananche coerulea)* und die weiß- bis rosablütige Weiße Nachtkerze *(Oenothera speciosa)*. Völlig aus der Kultur verschwunden sind die Sommer-Prophetenblume *(Arnebia decumbens)*, die Großgriffel-Glockenblume *(Campanula macrostyla)*, die Dornen-Spinnenpflanze *(Cleome spinosa* – was unter diesem Namen gehandelt wird, ist die dornenlose *C. hassleriana)*, Garten-Statice *(Psylliostachys* x *myosuroides*, syn. *Statice* x *superba)*, *Rhodanthe humboldtianum* (syn. *Helipterum sandfordii)*, sowie die Sorten der Marien-Glockenblume *(Campanula medium)* mit kronblattarigem Kelch, der glockenförmig bis abstehend sein kann. Rar und nur dank Tausch oder Handel per Internet oder Bestellmöglichkeiten in England nicht völlig verschwunden sind heute Zweifarb-Collinsie *(Collinsia bicolor)*, Gilien *(Gilia)*, Brennwinde *(Loasa)*, Mentzelia 'Blazing Star' *(Mentzelia lindleyi)*.

Das Geradfrucht-Hornköpfchen *(Ceratocephala falcata)* kommt in Österreich nur mehr an zwei Plätzen von wenigen Quadratmetern vor.

Die Gewöhnlich-Tagblume oder Sommertradeskantie *(Commelina communis)* kommt in Stoppeläckern wie in Sommerungen gut zurecht.

Ephemerophyten statt Mulch

Schon mehrfach erwähnt wurden die Frühjahrsephemerophyten. Eigentlich ist es schade, dass selbst schöne Arten dieser Gruppe nicht gehandelt werden. Weil sie niedrigwüchsig sind bedecken sie rasch den Boden und behindern so die Keimung hochwüchsiger Beikräuter. Daneben sind sie eine wichtige Nahrungsquelle für Kleinbienen. Sie behindern aber auch die Keimung von Kulturpflanzen, sind aber dennoch ein hübscher Anblick, wenn Kulturen überwintern, auf Baumscheiben oder in Kulturen, die erst ab Mai gesät werden. Frühlingsephemerophyten versäen sich, so man sie lässt. Sie können mit Hilfe von Scheren rasch entfernt werden. Für großsamige und raschwüchsige Pflanzen wie Bohnen, Erdäpfel, Mais, Kürbis, Sonnenblumen, Zucchini etc. stellen sie kein Problem dar. Solange sie wachsen, schützen sie den Boden außerdem vor Erosion.

Sommerblumen als Lückenfüller

Sukzession nennt man die Abfolge der Pflanzengesellschaften vom Rohboden bis zur Schlussgesellschaft oder Klimax, die in unserem Klima fast immer ein Wald ist. Tun wir nichts, so vollzieht sich diese Entwicklung von alleine. Um anderen Pflanzengesellschaften die Möglichkeit zur Etablierung zu geben, müssen wird pflügen, mähen, schneiden oder die Pflanzengesellschaft sonst wie „degradieren", wie Ökologen dazu sagen. Diese Sukzession können wir für unsere Zwecke nutzen.

Erste Blüten in Blumenwiesen

Bei der kompletten Neuanlage einer Blumenwiese wird der Boden zunächst umgegraben und je nach Gegebenheiten durch Einarbeiten von Sand abgemagert. Das Umgraben hat zwei Effekte: Der Nährstoffgehalt steigt kurzfristig an, da Abbauprozesse aktiviert werden. Zweitens wird die Samenbank im Boden aktiviert. Das heißt, dass neben den gesäten Samen auch andere keimen. In Blumenwiesensaatgut niedriger Qualität ist oft Saatgut von Ackerblumen beigemengt, beispielsweise von Mohn und Kornblume. Auch Saatgut hoher Qualität kann man Einjährige beimischen.

Pflege von Blumenwiesen

Während die meisten Wiesenblumen erst ab dem zweiten Standjahr blühen, ergeben Blumenwiesen mit Sommerblumen schon im ersten Jahr ein buntes Bild. Da der Mährhythmus einer Blumenwiese von Anfang an eingehalten werden soll, kommen die Einjährigen üblicherweise nicht zur Samenbildung. Wenn doch, so wird man davon im zweiten Jahr dennoch nichts merken, in der geschlossenen Vegetation können Sommerblumen nämlich nicht keimen. Dementsprechend sind auch die Pflanzen aus der Samenbank im Boden kein Problem mehr, falls diese unschön sind. Das gilt übrigens auch für gewöhnlichen Rasen. Einjährige ziehen hier immer den Kürzeren.

Aufgrund der Mahd sind nur wenige Sommerblumen geeignet, nämlich solche, die rasch zur Blüte gelangen, und gegenüber solche, die eine Mahd vertragen (siehe Tabelle). Völlig ungeeignet sind etwa Sonnenblumen, Balsaminen oder Studentenblumen.

Das richtige Saatgut

Noch ein paar Bemerkungen zur Bewertung der Qualität von Blumenwiesensaatgut. Die Zusammensetzung der Grasarten sollte möglichst vielfältig sein. Was allerdings ganz verzichtbar ist oder nur in geringen Anteilen von maximal 10 % untergemischt werden sollte, ist der Lolch oder das Raygras *(Lolium)*. Er ist die wichtigste Grasart strapazierfähiger Rasen und wächst sehr dicht. Lolch erstickt allerdings Wiesenblumen und andere Gräser leicht.

Gute Blumenwiesenmischungen sollten unbedingt auch Ruchgras *(Anthoxanthum)* enthalten. Nicht oder nur in Spuren vorkommen sollten auch Leguminosen, die den Boden mit Stickstoff anreichern. Unerwünscht sind Klee, Esparsette und Luzerne. In geringen Spuren vorhanden sein dürfen Wundklee *(Anthyllis)* und evtl. Hornklee *(Lotus)*, andere sollten völlig fehlen.

Eine Wiese anlegen

Will man einen Zierrasen in eine Blumenwiese umwandeln, so ist dies auch ohne eine Neuan-

Erste Blüten in Blumenwiesen

Art	Vorkultur	Direktsaat	Keimtemperatur	Besonderes
Adonis (Teufelsauge)	–	8 bis 9, 3 bis 4	15 bis 18 °C	–
Agrostemma githago (Kornrade)	–	8 bis 9, 3 bis 5	–	Vom Aussterben bedroht, heimisch, recht neu in Kultur
Anethum graveolens (Dill)	–	3 bis 9	ab 15 °C	Insektennahrung, Gewürzkraut,
Anthriscus cerefolium (Garten-Kerbel)	–	8 bis 10, 3 bis 6	–	Heimisch, Insektennahrung, Gewürz
Bellis perennis (Maßliebchen, Garten-Gänseblümchen)	12 bis 4	4 bis 9	15 bis 20 °C	Dauerblüher, verwildert leicht
Callistephus (Sommeraster)	3 bis 4	4 bis 5	20 bis 25 °C	Lichtkeimer
Cerinthe major (Groß-Wachsblume)	–	3, 8 bis 9	ab 20 °C	Neu in Kultur
Chrysanthemum siehe *Tanacetum*				
Consolida (*Delphinium*) (Feldrittersporn)	–	8 bis 10, 3 bis 5	13 bis 15 °C	–
Crepis rupra (Rot-Pippau)	–	3 bis 5, 9 bis 10	15 bis 20 °C	Insektennahrung
Delphinium siehe auch *Consolida*				
Dianthus *chinensis* (Chineser-Nelke)	2 bis 4	4 bis 5	18 bis 20 °C	Unmodern
Iberis (Schleifenblume)	–	2 bis 4, 9 bis 10	–	Insektennahrung, rar geworden,
Lagurus ovatus (Hasenschwanzgras)	–	9, 4	15 bis 18 °C	Trockenblume
Linaria (Leinkraut)	2 bis 4	4 bis 5	ab 20 °C	Lichtkeimer
Lobularia maritima (Duftsteinrich)	1 bis 3	3 bis 6	–	Duft, Insektennahrung
Lunaria annua (Sommer-Mondviole, Garten-Silberblatt)	–	5 bis 8	18 bis 25 °C	Duft, Insektennahrung
Malva sylvestris (Wild-Malve)	2 bis 3	3 bis 10	20 °C	Heimisch
Matricaria chamomilla (Echt-Kamille)	–	4 bis 5	ab 18 °C	Heimisch, Heilkraut
Nigella (Schwarzkümmel, Jungfer im Grünen)	–	3 bis 4, 8 bis 10	15 bis 18 °C	Z.T. Insektennahrung, Vogelfutter, Gewürz, z.T. heimisch
Oenothera (Nachtkerze)	–	3 bis 8	15 bis 20 °C	Insektennahrung, z.T. Gemüse
Phacelia (Büschelschön)	–	3 bis 5	–	z.T.
Reseda odorata (Duft-Wau)	1 bis 12	4 bis 9	12 bis 15 °C	Duft, Dauerblüher, unmodern,
Scabiosa (Grindkraut)	–	3 bis 5, 8 bis 9	15 bis 20 °C	–
Silene, Eudianthe, Atocion	–	3 bis 5, z.T. 8 bis 9	15 bis 18 °C	Unmodern, z.T.
Viola (Stiefmütterchen, Garten-Hornveilchen)	2 bis 3	4 bis 8	15 bis 18 °C	für Tiere uninteressant

Mediterrane Wiesen wie diese sind bedingt durch Sommertrockenheit reich an Einjährigen. Bei uns tragen Einjährige zu rascher Buntheit bei, verschwinden aber im zweiten Standjahr.

lage möglich, dauert aber entsprechend lange. Nicht nur Blumensamen, auch entsprechende Grasarten müssen eingesät werden. Zur Abmagerung wird etwas Quarzsand aufgebracht, das Mähgut sorgsam entfernt. Über die Jahre wird der Lolch zurückgedrängt und die Blumenvielfalt nimmt entsprechend zaghaft zu. Eine Einsaat von Sommerblumen führt hier zu nichts.

TIPP **Zum Abmagern einer zukünftigen Blumenwiese können Sie auch starkzehrende Sommerblumen, etwa Sonnenblume, Tithonie, Rizinus, (Zier)mais, (Zier)kohl, (Zier)kürbisse etc. anbauen. Ein bis zwei Sommer ohne Düngung reichen dafür meist aus, wenn die Pflanzenreste im Herbst entfernt werden.**

Das Warten auf das Staudenbeet

Auch Staudenbeete schließen nicht gleich dicht. Zwar blühen im Topf gekaufte Pflanzen sicher im ersten Jahr, doch muss auch dann, wenn Kosten keine Rolle spielen, ein gewisser Mindestabstand eingehalten werden. Wer keine dicke Geldbörse hat wird überhaupt weniger Einzelpflanzen setzen und warten, bis sich die Pflanzen ausbreiten. Die Zwischenräume bieten jedoch Beikräutern Angriffspunkte. Diese Gefahr lässt sich aber durch Mulch oder durch die Einsaat von Sommerblumen reduzieren. Sommerblumen haben den Vorteil, dass die Pflanzung nicht so nackt aussieht.

Geplante Verlierer

Um eine Störung des Ausbreitungswachstums der Stauden zu vermeiden, sollten selbstversamende Arten verwendet werden. Allerdings sind starkwüchsige Arten zu vermeiden, da auch Einjährige mitunter Stauden bedrängen und sie zu Sukzessionsverlierern machen können. Das gilt für hochwüchsige Pflanzen wie Sonnenblume *(Helianthus)*, Wunderbaum *(Ricinus)* oder Tithonie *(Tithonia)* genauso wie für dicht- und breitwüchsige Stauden wie die Besen-Radmelde *(Bassia (Kochia) scoparia)* etc. Je kleiner die Stauden, desto mehr Sommerblumen fallen aus. Bei Polsterstauden und Bodendeckern kommen nur mehr einzelne Arten in Betracht, wie etwa Lein- und Leinkraut-Arten *(Linum, Linaria)* sowie Schleierkraut *(Gypsophila)*. Bei selbststreuenden Sommerblumen muss immer die schwächste Staude als Maßstab genommen werden, da Selbststreuer auch durch die Beete wandern.

Das Warten auf das Staudenbeet

Art	Vorkultur	Direktsaat	Keimtemperatur	Besonderes
Adonis (Teufelsauge)	–	8 bis 9, 3 bis 4	15 bis 18 °C	Selbststreuend
Agrosis nebulosa (Schleier-Straußgras)	–	4 bis 5	ab 12 °C	Rar geworden
Agrostemma githago (Kornrade)	–	8 bis 9, 3 bis 5	–	Vom Aussterben bedroht, heimisch, recht neu in Kultur, selbststreuend
Ammi (Knorpelmöhre)	–	4 bis 6	ab 15 °C	Insektennahrung, Vorsicht wegen Wuchsstärke
Bellis perennis (Maß-liebchen, Garten-Gänse-blümchen)	12 bis 4	4 bis 9	15 bis 20 °C	Dauerblüher, verwildert leicht
Cerinthe (Wachsblume)	–	3, 8 bis 9	ab 20 °C	Neu in Kultur, selbst-streuend
Chenopodium foliosum (Durchblättert-Erdbeerspinat)	–	8 bis 9, 4 bis 5	21 bis 24 °C	Spinat, heimisch, gefährdet
Coreopsis (Mädchenauge)	2 bis 4	4 bis 5	18 bis 20 °C	Insektennahrung, Dauerblüher
Cosmos (Schmuckkörbchen)	3 bis 4	4 bis 5	21 bis 24 °C	Dauerblüher, selbststreu-end, Vorsicht wegen Wuchs-stärke
Crepis rupra (Rot-Pippau)	–	3 bis 5, 9 bis 10	15 bis 20 °C	Insektennahrung, selbststreuend
Datura stramonium (Gewöhnlich-Stechapfel)	–	10 bis 4	20 bis 25 °C	Lange Keimdauer (bis 2 Monate), bei Frühjahres-Freilandsaat stratifizieren, Dauerbüher, selbststreu-end, sehr giftig, Vorsicht wegen Wuchsstärke
Dipsacus (Karde)	–	3 bis 5	15 bis 20 °C	Lichtkeimer, Insektennah-rung, Vogelfutter, Vorsicht wegen Wuchsstärke
Echium (Natternkopf)	–	3 bis 4	15 bis 18 °C	Insektennahrung, Vorsicht wegen Wuchsstärke
Euphorbia marginata (Schnee auf dem Berge, Bauernedelweiß)	–	4 bis 5	15 bis 18 °C	Selbststreuend
Gaillardia (Kokardenblume)	3 bis 4	4 bis 5	ab 20 °C	Lichtkeimer, selbststreu-end, Bodenverbesserer
Iberis (Schleifenblume)	–	2 bis 4, 9 bis 10	–	Insektennahrung, rar geworden, selbststreuend
Iris domestica (syn. *Belamcanda)* (Leoparden-Schwertlilie)	1 bis 4	5 bis 7	20 bis 30 °C	Selbststreuend, sehr exo-tisch, für Tiere uninteressant
Lagurus ovatus (Hasenschwanzgras)	–	9, 4	15 bis 18 °C	Trockenblume, selbst-streuend
Lobularia maritima (Duftsteinrich)	1 bis 3	3 bis 6	–	Duft, Insektennahrung, selbststreuend
Viola (Stiefmütterchen, Garten-Hornveilchen)	2 bis 3	4 bis 8	15 bis 18 °C	Für Tiere uninteressant

Die naturnahe Hecke

Hecken als Sommerblumenbiotope erscheinen auf den ersten Blick etwas ungewöhnlich. Thujenhecken aus „gekauften" Pflanzen sind das sicher. Wer aber eine Schichtholz- oder Benjeshecke im Auge hat, wird schon wissen, um was es geht. Doch auch wenn man Jungsträucher pflanzt, können Sommerblumen in der gemischten Hecke eine Rolle spielen.

Die Benjeshecke ist eine Heckenform, zu deren Entstehung man Schichtholz auflegt. So lädt man Vögel ein, dort sitzen zu bleiben und ihren wertvollen Kot – der voller Gehölzsamen ist – fallen zu lassen. Daraus wächst die Hecke, während das Schichtholz verrottet. Für schmalere Hecken ist es auch möglich, nur einen Draht zu spannen, auf dem die Vögel sitzen können. Der Vogelkot streut dann nicht so breit.

Um ausreichend Vögel anzulocken, kann man mit Futter – zur Winterfütterung oder ganzjährig – nachhelfen. Auch Einjährige werden von selbst bei Vogelfütterung keimen.

Stellen Sie die Fütterung ein, wenn der Schwarz-Holunder fruchtet, da die Hecke sonst zu holunderdominiert werden könnte.

Sommerblumenhecke

Wie wäre es nun, den Spieß einmal umzudrehen? Pflanzen Sie Einjährige, die von Vögeln geliebt werden. Das können Sonnenblumen oder zierende Distelarten sein. Lassen Sie diese auch im Winter stehen und ergänzen Sie das Nahrungsangebot beispielsweise durch Meisenknödel. Nisthöhlen an katzensicheren Pfosten helfen ebenfalls. Wunschsträucher, die nicht oder nur unsicher von Vögeln „gesät" werden, sollten schon zu Beginn der Entwicklung gesetzt werden. Ob mit oder ohne Wunschsträucher – die Sukzession wird voranschreiten, die Einjährigen werden von Stauden verdrängt, diese von Gehölzen. Um den Heckenstatus zu erhalten, werden zu große Sträucher oder Heckenpartien gelegentlich auf den Stock gesetzt, das heißt, bodennah zurückgeschnitten. Diese Maßnahme schafft kurzfristig wieder Platz für Einjährige. Sollte das Gehölz nicht ausschlagsfähig sein – das betrifft aber nur wenige Arten – dann kann es schon einige Jahre dauern, bis die Lücke wieder gefüllt ist.

JUNGSTRÄUCHERSCHUTZ Wenn Sie keine Vogelhecke wünschen, sondern sich die Sträucher selbst aussuchen wollen, dann können Sie Ihren Geldbeutel ebenfalls schonen, indem Sie kleine Sträucher kaufen. Auch hier empfiehlt sich die Pflanzung von Sommerblumen dazwischen als Übergangslösung. Viele Gehölze sind in der Jugendphase für etwas Beschattung durch größere Pflanzen durchaus dankbar. An Zäunen können auch einjährige Kletterpflanzen die Rolle als Sichtschutz übernehmen, bis die Hecke dicht ist. Allerdings muss man die Sträucher solange sie noch klein sind vor dem Überwachsenwerden durch Kletterpflanzen schützen.

Sommerblumen als Heckenvorboten

Art	Vorkultur	Direktsaat	Keimtemperatur	Besonderes
Alcea (Stockrose)	2 bis 4	5 bis 7	15 bis 20 °C	Halbstaude, Insektennahrung
Ammi (Knorpelmöhre)	–	4 bis 6	ab 15 °C	Insektennahrung
Calendula (Ringelblume) blüher, selbststreuend	–	3 bis 5, 8 bis 10	ab 10 °C	Heilkraut, Gewürz, Dauer-
Campanula medium (Marien-Glockenblume)	–	5 bis 7	–	Selbststreuend
Cheiranthus siehe *Erysimum*				
Chenopodium foliosum (Durchblättert-Erdbeerspinat)	–	8 bis 9, 4 bis 5	21 bis 24 °C	Spinat, heimisch, gefährdet
Cirsium japonicum (Japan-Kratzdistel)	2 bis 4	4 bis 6	15 bis 20 °C	Insektennahrung, Vogelfutter, selbststreuend, Vorsicht wegen Wuchsstärke
Cynara Artichoke (Japan-Kratzdistel)	2 bis 4	4 bis 7	18 bis 20 °C	Insekten, Vogelnahrung, Nistmaterial
Cobaea scandens (Glockenrebe)	1 bis 3	–	20 bis 24 °C	Kletterpflanze, Dauerblüher, für Tiere uninteressant
Coreopsis (Mädchenauge)	2 bis 4	4 bis 5	18 bis 20 °C	Insektennahrung, Dauerblüher
Coriandrum sativum (Echt-Koriander)	–	4 bis 7	ab 15 °C	Gewürz, Insektennahrung
Cosmos (Schmuckkörbchen)	3 bis 4	4 bis 5	21 bis 24 °C	Dauerblüher, selbststreuend
Dipsacus (Karde) (Glockenrebe)	–	3 bis 5	15 bis 20 °C	Lichtkeimer, Insektennah-, rung, Vogelfutter, Vorsicht wegen Wuchsstärke
Eccremocarpus scaber	1 bis 3	5	15 °C	Kletterpflanze, Dauerblüher, für Tiere uninteressant, kann frostfrei überwintert werden
Erysimum (Lack, Schöterich)	–	4 bis 8	18 bis 20 °C	Z.T. Duft, Insektennahrung
Ipomoea alba (Mond-Prunkwinde)	2 bis 5	In warmen Regionen 5	ab 20 °C	Insektennahrung, sehr giftig
Ipomoea (Prunkwinde)	–	4 bis 5	ab 20 °C	Kletterpflanze
Orlaya grandiflora (Groß-Strahldolde)	–	3 bis 5, 8 bis 9	15 bis 20 °C	Heimisch, gefährdet, Insektennahrung
Rhodochiton (Rosenkleid)	1 bis 3	–	15 bis 18 °C	Kletterpflanze, sehr exotisch, für Tiere uninteressant
Rudbeckia (Sonnenhut)	2 bis 3	4 bis 5	20 bis 25 °C	Insektennahrung, selbststreuend
Thelesperma (Cosmidium) (Warzensame)	–	3 bis 4	15 bis 20 °C	Insektennahrung
Thunbergia (Schwarzäugige Susanne, Thunbergie)	2 bis 4	–	20 bis 25	Kletterpflanze, Dauerblüher, für Tiere uninteressant

Sommerblumen im Portrait

Die Vielfalt der Sommerblumen ist scheinbar endlos, sobald man sich mit ihnen näher befasst.
Das Handelssortiment allerdings ist relativ eingeschränkt. An dieser Stelle seien einige wenige Arten vorgestellt. Es handelt sich vornehmlich um häufiger erhältliche Arten von unterschiedlicher Eignung für den Naturgarten.

Duft-Platterbse, Edelwicke

Lathyrus odorata

Familie: Schmetterlingsblütler *(Fabaceae,* syn. *Papilionaceae)*
Herkunft: Süditalien
Wuchshöhe: 40 cm bis 1,5 m
Blütezeit: Juni bis September
Pflanzenbeschreibung: Einjährige Pflanze mit Blattranken, die Stängel sind geflügelt. Die Blüten stehen in achselständigen Trauben, sind groß, weiß bis rot, blau oder schwarzviolett und duften.
Kultur: Alle nährstoffreichen Böden. Vermehrung durch Aussaat im Frühjahr. Einzelpflanzen blühen nicht lange, kurze Trockenheit reicht und sie beenden weiteres Wachstum. Rechtzeitige Folgesaaten verlängern die Blütezeit!
Geschichte und Verwendung: Edelwicken sind seit dem 17. Jahrhundert in Kultur. Verbreitet sind oder waren sie als Zaunbepflanzung und in Beetkultur, heute werden sie vorwiegend in der Schnittblumenproduktion verwendet.
Ähnliches: Die Breitblatt-Platterbse *(L. latifolius)* ist eine gefährdete heimische Art mit kleineren, purpurfarbenen bis weißen, duftlosen Blüten, die gelegentlich auch kultiviert wird.
Ökologischer Wert: Wird vor allem von Hummeln und Holzbienen mäßig freudig besucht. Selten wurden Bläulingsraupen am Kraut beobachtet.

Duft-Platterbse *(Lathyrus odorata)*

Eis-Schiefblatt

Begonia x *semperflorens-cultorum*

Familie: Schiefblattgewächse *(Begoniaceae)*
Herkunft: Kulturhybride, Elternarten in Südamerika
Wuchshöhe: 0,1 bis 0,25 m
Blütezeit: ganzjährig
Pflanzenbeschreibung: Es handelt sich um eine kleine, schwach sukkulente, tropische Staude. Ihr Laub ist grün bis rötlich und etwas schief; die Blüten sind klein, weiß bis rot. Die Pflanze ist einhäusig, das heißt, es gibt männliche und weibliche Blüten. Dabei finden sich allerdings immer beide Geschlechter auf einer Pflanze.
Kultur: Bevorzugt wird kalkarmes, humoses Substrat, die Pflanzen sind aber sehr anpassungsfähig. Die Überwinterung kann bei Temperaturen ab etwa 10 °C hell erfolgen, auch als Zimmerpflanze. Die Vermehrung erfolgt durch Stecklinge, auch Blattstecklinge, oder Aussaat mit zeitiger Vorkultur.

Eis-Schieferblatt *(Begonia* x *semperflorens-cultorum)*

Geschichte und Verwendung: Seit dem 19. Jahrhundert verbreitete Zimmerpflanze und Rabattenblume, die vor allem zur Parkbepflanzung und als Friedhofpflanze, aber auch als Balkonblume dient.
Besonderes: Die Hybride wurde früher mit *B. semperflorens* verwechselt, einem Synonym zu *B. cucculata* var. *hookeri*, und wird gärtnerisch meist noch immer als solche angesprochen.
Ökologischer Wert: Wertlos, Pollenblume (männlich) bzw. Pollentäuschblume (weiblich).

Feldrittersporn

Consolida

Familie: Hahnenfußgewächse *(Ranunculaceae)*
Herkunft: Südwesteuropa bis Zentralasien
Wuchshöhe: 30 bis 90 cm
Blütezeit: Mai bis August
Pflanzenbeschreibung: Die Pflanzen zeigen feinfiedriges Laub, aufrechten Wuchs und blaue bis violette, bei Zuchtformen auch rosa, weiße und mehrfarbige, gespornte Blüten in einfachen oder verzweigten Trauben.
Kultur: Der Feldrittersporn bevorzugt mineralische Böden. Die Aussaat erfolgt im Herbst, evtl. auch im Frühling. Selbstaussaat ist die Regel. Störungsempfindlich, kann nicht verpflanzt werden.
Geschichte und Verwendung: Der aufrechte, kaum verzeigte, kerzenförmige Garten-Feldrittersporn *(C. ajacis)* ist seit 200 Jahren in Farbsorten eine beliebte Sommerblume der Vorgärten im ländlichen Raum, auch auf Friedhöfen. Die ländliche Schnittblume, verwildert häufig auf Friedhöfen, um Bildstöcke und im Ortsbereich, aber nirgends beständig. Sie dringt nicht in naturnahe Landschaft und Äcker ein. Der heimische Acker-Feldrittersporn *(C. regalis)* ist stark verzweigt und eher kugelig im Wuchs. Farbsorten früherer Jahrhunderte sind heute verschwunden. Er wird nicht mehr kultiviert. Der Orient-Feldrittersporn *(C. hispanica*, syn. *C. orientalis)* ist kerzenförmig, rötlichviolett und bis anderthalb Meter hoch. Er wird kaum mehr kultiviert.
Ökologischer Wert: Nahrung für Wildbienen.

Fliederblatt-Schmuckkörbchen *(Cosmos bipinnatus)*

Fiederblatt-Schmuckkörbchen

Cosmos bipinnatus

Familie: Korbblütler *(Asteraceae,* syn. *Compositae)*
Herkunft: Mexiko bis tropisches Südamerika in höheren Lagen
Wuchshöhe: 50 cm bis 1,2 m
Blütezeit: Juli bis Oktober
Pflanzenbeschreibung: Aufrechte, verzweigte Einjährige mit fein gefiedertem Laub. Die Blütenköpfchen haben große weiße bis purpurfarbene Zungenblüten und gelbe Scheibenblüten.
Kultur: Bevorzugt nicht zu stickstoffreiche Böden. Vermehrung durch Frühjahrsaussaat, teilweise Selbstaussaat.
Geschichte und Verwendung: Relativ neue Gartenpflanze, die seit Ende des 18. Jahrhunderts in unseren Gärten wächst, und erst langsam populär geworden ist. Verwendung meist in gemischten Sommerblumenpflanzungen. Wegen der Wuchshöhe sind die Verwendungsmöglichkeiten eingeschränkt.
Ähnliches: Das Gelb-Schmuckkörbchen *(C. sulphureus)* mit identischer Herkunft, aber im Tiefland vorkommend, wurde zur selben Zeit importiert, konnte sich als Zierpflanze aber nur langsam

durchsetzen, da es ursprünglich wärmebedürftiger war. Seine Blüten sind gelb bis orange.
Ökologischer Wert: Nektar- und Pollenlieferant für größere Bienenarten einschließlich Hummeln. Vor allem *C. sulphureus*, teilweise aber auch *Cosmos bipinnatus* sind in wärmeren Regionen teilweise invasive Neophyten.

Garten-Levkoje
Matthiola incana

Familie: Kreuzblütler *(Brassicaceae*, früher *Cruciferae)*
Herkunft: Kulturart, im Mittelmeerraum eingebürgert; Wildarten sind auch im Mittelmeerraum heimisch.
Wuchshöhe: 30 bis 80 cm
Blütezeit: Je nach Sorte ganzjährig.
Pflanzenbeschreibung: Einjährig gezogener, frostempfindlicher Halbstrauch mit graugrünem Laub und violetten bis weißen oder karmesinroten, meist gefüllten, stark duftenden Blüten.
Kultur: Bevorzugt nährstoffreiche, anlehmige, kalkhaltige Böden. Meist ist eine Vorkultur notwendig. Jungpflanzen sollte man zur Blütenbildung über mehrere Wochen Tagestemperaturen von 15 °C oder tiefer aussetzen.
Geschichte und Verwendung: Im antiken Griechenland wurde die Garten-Levkoje bereits kultiviert und als „Weißes Veilchen" (leukoion) bezeichnet. In Mitteleuropa wird die Art erst seit dem 16. Jahrhundert verwendet, vorwiegend in städtischen Gärten und auf Fensterbänken. Sie war gegen Ende des 19./Anfang 20. Jahrhundert Modepflanze (über 100 Sorten), ist aber heute weitgehend aus privater Gartenkultur verschwunden. Hier finden sich nur Sommerlevkojen, Blütezeit Juni bis August. Sie wird aber zunehmend als Schnittblume kultiviert.
Ökologischer Wert: Ungefüllte Sorten werden von Tag- und Nachtfaltern sowie Großbienen gerne angeflogen, das Kraut wird von einigen Weißlingen – meist den häufigen Arten – als Raupenfutter genutzt.

Duft-Resede *(Resede odorata)*

Garten- oder Duft-Resede
Reseda odorata

Familie: Resedengewächse *(Resedaceae)*
Herkunft: Lybien
Wuchshöhe: 5 bis 60 cm
Blütezeit: Mai bis Oktober (als Zimmerpflanze ganzjährig)
Pflanzenbeschreibung: Kriechende bis aufsteigende, kurzlebige frostempfindliche Staude. Die Blüten stehen in dichten Trauben, sind unscheinbar grünlich, gelblich oder weißlich mit gelben bis braunroten Staubbeuteln, lieblich duftend.
Kultur: Sie wächst in jedem Gartenboden. Die Aussaat erfolgt im Frühling bis Juni, eine Vorkultur ist auch möglich. Im Gewächshaus ist die Art ausdauernd, durch Formschnitt ist sie auch als Bäumchen erziehbar.
Geschichte und Verwendung: Um 1735 gelangten erste Samen nach Paris, von dort erreichten sie erst nach 1787 andere Länder, in Österreich zuerst Wien. Die Herkunft der Pflanze blieb dabei lange im Dunkeln – sie wurde erst Anfang des 20. Jahrhunderts geklärt. Ab dem Biedermeier war sie eine sortenreiche Modepflanze, nach dem Ersten Weltkrieg kam der Niedergang. Heute wird die Duft-Resede kaum mehr kultiviert. Nur in England war sie noch in der ersten Hälfte des 20. Jahrhunderts in mehren Sorten häufig anzutreffen.

Ökologischer Wert: Raupenfutterpflanze des bedrohten Resedafalters.

Garten-Ringelblume

Calendula officinalis

Familie: Korbblütler *(Asteraceae*, syn. *Compositae)*
Herkunft: Kulturart, vermutlich aus dem Mittelmeerraum
Wuchshöhe: 30 bis 60 cm
Blütezeit: Juni bis Oktober
Pflanzenbeschreibung: Stark verzweigte, aromatische, drüsige Einjährige. Die Blütenköpfchen haben gelbe bis orange Zungenblüten und orange oder violette Scheibenblüten.
Kultur: Ringelblumen bevorzugen lehmige Böden. Die Aussaat erfolgt im Frühling oder Herbst. Selbstaussaat ist die Regel.
Geschichte und Verwendung: Alte Kulturpflanze, die seit dem Mittelalter bei uns bekannt ist. Sie ist eine Heilpflanze der Bauerngärten und war wegen der besonders langen Blütezeit zusammen mit Studentenblumen früher eine traditionelle Friedhofspflanze In Südösterreich ist sie als „Ringelröserl" bekannt.

Garten-Ringelblume *(Calendula officinalis)*

Besonderes: Die Abstammung der Garten-Ringelblume ist unklar. Möglicherweise ist die süd- und westeuropäische Acker-Ringelblume *(C. arvensis)* an ihrer Entstehung beteiligt.
Ökologischer Wert: Nektar- und Pollenlieferantin für mehrere Bienen-Arten unterschiedlicher Größe – allerdings nur ungefüllte Sorten.

Garten-Strohblume

Xerochrysum (Helichrysum) bracteatum

Familie: Korbblütler *(Asteraceae*, syn. *Compositae)*
Herkunft: Australien
Wuchshöhe: je nach Sorte 20 bis 120 cm
Blütezeit: Juli bis September
Pflanzenbeschreibung: Am Grund verzweigte, nicht frostfeste Staude oder unverzweigte Einjährige; Blütenköpfchen selbst unscheinbar, nur mit gelben Scheibenblüten, aber von zahlreichen trockenhäutigen, gelben bis roten oder weißen bis violetten Hochblättern umgeben
Kultur: Bevorzugt nährstoffreiche, eher schwere aber durchlässige, frische Böden. Vermehrung durch Aussaat ab Ende April, auch Vorkultur möglich. Standort sonnig.
Geschichte und Verwendung: Die Art wird seit dem 19. Jahrhundert kultiviert. Sie wurde in der Blumenbinderei als Trockenblume wichtig, früher vor allem für Friedhöfe als Ewigkeitssymbol (Immortelle). Einmalblühende Sorten werden heute nur mehr selten verwendet, dafür seit Neuestem ver-

Garten-Strohblume *(Xerochrysum bracteatum)*

zweigte, staudige, dauerblühende Sorten zur Balkon- und Trogbepflanzung.
Ökologischer Wert: Die Blüten werden bevorzugt von Kleinbienen, aber auch von anderen Nektar- und Pollensammlern besucht.

Gewöhnlich-Tagblume, Sommertradeskantie

Commelina communis

Familie: Dreimasterblumengewächse *(Commelinaceae)*
Herkunft: China, Ost-Sibirien
Wuchshöhe: 10 bis 40 cm
Blütezeit: Juni bis Oktober
Pflanzenbeschreibung: Aufsteigend verzweigte Pflanze, ähnelt der Dreimasterblume *(Tradescantia)*, die Pflanze ist aber einjährig. Die Blüten haben jeweils zwei leuchtend blaue Blumenblätter und sind nur vormittags geöffnet.
Kultur: Bevorzugt schwere, nicht zu nährstoffarme Böden und sät sich selbst aus. Der Warmkeimer verträgt sowohl Trockenheit als auch Feuchtigkeit.
Geschichte und Verwendung: Die Art wird erst seit Anfang des 20. Jahrhunderts kultiviert. Sie erlangte große Bedeutung in Vorgärten, ist aber in den 1980ern stark zurückgegangen. Saatgut war nie im Handel erhältlich, die Saatgutweitergabe erfolgte von Nachbar zu Nachbar.
Ähnliches: Im Handel sind seit den 1980ern die Wurzelknollen der nicht winterharten Staude Groß-Tagblume *(C. coelestis*, zu *C. tuberosa agg.)* mit dreizähligen, azurblauen Blüten erhältlich. Die einjährige, selbststreuende Kultur ist im Weinbauklima möglich.
Ökologischer Wert: Weitgehend wertlos.

Groß-Spinnenpflanze oder Garten-Spinnenpflanze

Cleome hassleriana

Familie: Spinnenpflanzengewächse *(Cleomaceae)*, früher zu den Kaperngewächsen *(Capparaceae)* gezählt.
Herkunft: Südostbrasilien, Argentinien
Wuchshöhe: 50 cm bis 1,80 m
Blütezeit: Juli bis Oktober
Pflanzenbeschreibung: Aufrecht wachsende, nicht oder kaum verzweigte Einjährige. Die Blätter sind handförmig zusammengesetzt, die Blüten stehen in Trauben, sind weiß bis purpurfarben, ihre Staubfäden lang und der Fruchtknoten gestielt aus der Blüte herausragend. Die Kapsel ist gestielt und schräg hängend.
Kultur: Benötigt wird nährstoffreicher, bevorzugt sandig-humoser Boden. Außer in besonders warmen Lagen ist eine Vorkultur des Warmkeimers nötig. Es kommt zu Selbstaussaat, die Jungpflanzen gelangen aber nur in warmen Regionen zur Samenreife.
Geschichte und Verwendung: Als Zierpflanze ist die Garten-Spinnenpflanze seit dem 19. Jahrhundert bekannt, im 20. Jahrhundert wurde sie zunehmend verwendet. Sie wird gärtnerisch *Cleome spinosa* genannt. Es handelt sich dabei um eine Fehlbestimmung – diese dornige, vom österreichischen Botaniker Nikolaus von Jacquin beschriebene Art wurde im 19. Jahrhundert häufiger kultiviert, ist aber nicht mehr in Kultur.
Ökologischer Wert: Enthält Senfölgykoside wie auch die verwandten Kreuzblütler, sie wird daher gelegentlich von Weißlingen als Raupenfutterpflanze angenommen, wegen der Behaarung allerdings nur selten und von den häufigsten Arten wie Kleiner Kohlweißling und Senfweißling. Die Blüten sind für die heimische Fauna eher wertlos, sie werden aber vor allem von Hummeln angeflogen.

Hänge-Fuchsschwanz

Amaranthus caudatus

Familie: Fuchsschwanzgewächse (*Amaranthaceae*)
Herkunft: Südamerika
Wuchshöhe: 40 cm bis 1,30 m
Blütezeit: Juni bis Oktober
Pflanzenbeschreibung: Dieser Fuchsschwanz ist eine aufrechte, einjährige, großblättrige Pflanze mit endständigen, hängenden und bis zum Boden reichenden Scheinähren. Diese bestehen aus winzigen, roten, selten grünen oder gelblichen Blüten.

Hänge-Fuchsschwanz *(Amaranthus caudatus)*

Kultur: Alle Fuchsschwanz-Arten benötigen nährstoffreiche Böden. Die Frühjahrsaussaat an Ort und Stelle erfolgt ab April (Warmkeimer). Es kommt häufig zu Selbstaussaat.
Geschichte und Verwendung: Hierzulande ist diese Art seit dem 16. Jahrhundert als Zierpflanze in Verwendung. In Südamerika war sie ursprünglich Getreide- (Amaranth) und Spinatpflanze. Den eigenartigen roten Blüten-/Fruchtstände verdanken sie ihren englischen Namen „Love Lies Bleeding".
Besonderes: Alle heute als Zierpflanzen verwendeten Fuchsschwanz-Arten wurden ursprünglich als Getreide oder Gemüse kultiviert. Einige werden ihres bunten Laubes und/oder ihrer aufrechten Scheinähren wegen auch als Zierpflanzen verwendet.
Ökologischer Wert: Als Windbestäuber für Pollen- und Nektarsammler uninteressant. Die kleinen Nüsse werden mitunter von Vögeln gefressen.

Hängeverbene

Glandularia-(Verbena)-Hybriden

Familie: Eisenkrautgewächse *(Verbenaceae)*
Herkunft: Elternarten im südlichen Südamerika
Trieblänge: 0,15 bis 0,3 m, aufsteigend bis hängend
Blütezeit: Mai bis August
Pflanzenbeschreibung: An der Basis verzweigte, aufsteigende bis hängende Einjährige, Stauden oder Halbsträucher; Laub unzerteilt; Blüten in Scheindolden (kopfigen Trauben), im Gegensatz zu Eisenkraut *(Verbena)* mit Blüten in längeren Trauben oder Ähren.
Kultur: Benötigt nicht zu nährstoffreiches Substrat und sonnigen Standort. Verblühtes muss entfernt werden. Die Überwinterung vieler Sorten ist kühl und hell möglich. Vermehrung durch Aussaat mit Vorkultur oder Stecklinge.
Geschichte und Verwendung: *G. peruviana* wurde 1827 eingeführt und bald häufig kultiviert, häufig als Friedhofpflanze. *G. phlogiflora* kam etwas später, 1839 *V. teucrioides*. Heute werden ausschließlich Hybriden kultiviert, vorwiegend als Balkonblumen.
Ökologischer Wert: Nektarquelle für Bienen und tagaktive Schwärmer.

Jungfer im Grünen, Damaszener-Schwarzkümmel

Nigella damascena

Familie: Hahnenfußgewächse *(Ranunculaceae)*
Herkunft: Mittelmeerraum
Wuchshöhe: 10 bis 25 cm
Blütezeit: Mai bis Juli
Pflanzenbeschreibung: Wenig (bis stark) verzweigte Einjährige mit fein gefiedertem Laub und Hochblättern, die Blüte und Frucht umgeben. Blüten blau, weiß oder rosa, Frucht eine aufgeblasene, kugelige Kapsel mit fünf Zipfeln.
Kultur: Bevorzugt werden mineralische Böden. Die Aussaat erfolgt im Herbst oder zeitigen Frühling, Selbstaussaat ist möglich, so die Früchte nicht zu früh geerntet werden.
Geschichte und Verwendung: Alte Zierpflanze, deren Kapseln als Trockenschmuck dienten, früher auch Schnittblume.
Ähnliches: Der Echt-Schwarzkümmel *(N. sativa)* wird als Gewürz zunehmend kultiviert. Seine Samen

Jungfer im Grünen *(Nigella damascena)*, Wildtyp

sind schärfer im Geschmack aber ungiftig, die Blüten weiß, die Kapsel schmäler, tonnenförmig. Heimisch und stark gefährdet ist der Acker-Schwarzkümmel *(N. arvensis)* mit sternförmiger Frucht. Weitere Arten, etwa *N. hispanica (N. papillosa)* und *N. orientalis* werden selten kultiviert.
Ökologischer Wert: Nur der ungefüllte Wildtyp sowie die anderen Arten sind für Kleinbienen interessant. Die Samen können als Vogelfutter Verwendung finden.

Löwenmäulchen, Garten-Froschgoscherl

Antirrhinum majus s.l.

Familie: Je nach Auffassung Wegerichgewächse *(Plantaginaceae)* oder Ehrenpreisgewächse *(Veronicaceae)*, wurde früher für einen Rachenblütler *(Scrophulariaceae)* gehalten.
Herkunft: Mittelmeerraum
Wuchshöhe: 30 bis 80 cm
Blütezeit: Mai bis Oktober
Pflanzenbeschreibung: Aufrechter, wenig bis stark verzweigter, einjährig gezogener Halbstrauch. Die Blüten sind meist „maskiert" (durch einen Gaumen geschlossen), weiß, gelb, purpurfarben, rot, aber auch Zwischenfarben. Es gibt aber nicht maskierte und gefüllte Sorten. Die Fruchtkapsel ist geschlossen, und hat vier Löcher.
Kultur: Oft wird das Froschgoscherl nach Vorkultur einjährig gezogen, oder nach Selbstaussaat als kurzlebige Staude. Sämlinge gelangen im ersten Jahr meist nicht zur Fruchtreife. Die Winterhärte ist nicht immer gegeben, vor allem in winterfeuchten Lehmböden kommt es oft zu Totalausfällen. Auf durchlässigen, steinigen Böden ist das Froschgoscherl besser winterhart, in Trockenmauern sogar relativ langlebig.
Geschichte und Verwendung: Alte Zierpflanze, die seit dem Barock bekannt ist. Die Bezeichnung Löwenmaul hat in Österreich keine Tradition und konnte sich erst in der zweiten Hälfte des 20. Jahrhunderts durchsetzen. Hierzulande waren die Namen Fress-, Frosch- oder Löwengoscherl am geläufigsten.
Besonderes: Die Kulturformen sind Hybriden zwischen *A. majus (subsp. majus)*, einem verzeigten, aufsteigenden Halbstrauch mit purpurfarbenen Blüten aus Spanien und Nordafrika) und *A. (majus subsp.) latifolium*, einer aufrechten Staude mit gelben Blüten aus Italien.
Ökologischer Wert: Nahrungspflanze für Großbienen und Hummeln, wobei letztere oft den Eingang umgehen und von außen Löcher in die Blüte bohren (Nektarräuber).

Mexiko-Leberbalsam

Ageratum houstonianum

Familie: Korbblütler (Asteraceae syn. Compositae)
Herkunft: Mexiko, Guatemala, Belize
Wuchshöhe: 10 bis 30 cm
Blütezeit: Juli bis Oktober
Pflanzenbeschreibung: Tropischer Halbstrauch, der in einjährigen Sorten kultiviert wird. Die Pflanzen sind kurzhaarig, das Laub herzförmig, die Blütenköpfchen mittelgroß. Sie enthalten nur

Mexiko-Leberbalsam *(Ageratum houstonianum)*

Portulakröschen *(Portulaca grandiflora)*

Scheibenblüten und sind blau bis violett, lila, rosa oder weiß gefärbt.
Kultur: Die Art eignet sich für nicht zu humose Böden. Eine warme Vorkultur ist nötig.
Geschichte und Verwendung: Seit 1832 wird Ageratum kultiviert und heute vor allem für Flächenpflanzungen verwendet.
Besonderes: Arten der Gattung sowie verwandter Gattungen gehören zu den gefährlichen Bioinvasoren in den Tropen und Subtropen, die außerhalb ihres natürlichen Verbreitungsgebietes große Schäden in Natur und Landschaft anrichten.
Ökologischer Wert: Die Blüten bieten Nektar- und Pollensammlern unterschiedlicher Größe Nahrung.

Portulakröschen

Portulaca grandiflora

Familie: Portulakgewächse *(Portulacaceae)*, vielleicht besser zu den Kakteen *(Cactaceae)* gezählt
Herkunft: Südamerika
Wuchshöhe: 5 bis 15 cm
Blütezeit: Mai bis Oktober
Pflanzenbeschreibung: Verzweigte, sukkulente Einjährige mit fleischigen, nadelartigen Blättern. Die Blüten sind groß, oft gefüllt, weiß bis purpurn und gelb bis rot, auch mehrfarbig. Sie öffnen sich nur bei Sonnenschein. Die Frucht ist botanisch betrachtet eine Deckelkapsel.
Kultur: Die Art bevorzugt nicht zu humose, trockenere, aber auch magere Böden. Aussaat erfolgt im Frühjahr, es kommt zu Selbstaussaat.
Geschichte und Verwendung: Das Portulakröschen ist ideal für Problemstandorte. Es toleriert Sandböden und Bauschutt.
Ähnliches: Seit einigen Jahren wird die kolumbianische Art P. umbraticola zunehmend verwendet. Die Pflanze wächst kriechend bis hängend, das Laub ist flach, spatelförmig und die Blüten sind kleiner, meist ungefüllt und einfarbig.

Der Gemüse-Portulak *(P. oleracea)* ähnelt *P. umbraticola*, hat aber unscheinbare gelbe Blüten und wird wie Spinat oder als Salat verwendet. Es gibt Kultursorten als Sommergemüse, er ist aber als Hackfruchtbeikraut wie als Stoppelackerpflanze verbreitet.
Ökologischer Wert: Die Blüten werden von Pollensammlern nur mäßig genutzt.

Pracht-Salbei, Salvie

Salvia splendens

Familie: Lippenblütler *(Lamiaceae*, syn. *Labiatae)*
Herkunft: Brasilien
Wuchshöhe: 15 cm bis 1,5 m

Pracht-Salbei, Salvie *(Salvia splendens)*

Blütezeit: Mai bis Oktober (indoor ganzjährig)
Pflanzenbeschreibung: Aufrechter, verzweigter Halbstrauch; frostempfindlich, daher einjährig gezogen; Blüten in Ähren, diese samt Kelch, Hochblättern und Stängel rot; bei Zuchtformen auch weiß bis violett
Kultur: Die Pflanzen sind im Sommer recht anspruchslos. Eine helle Überwinterung ist bei Temperaturen über 8 °C möglich. Vermehrung durch Sommerstecklinge oder Aussaat; für die einjährige Kultur ist eine Vorkultur nötig.
Geschichte und Verwendung: Seit dem Barock in Kultur. Zählt zu den beliebtesten Sommerblumen, nicht für kalte Lagen (Nachttemperaturen nicht unter 8 °C).
Ähnliches: Ebenfalls rot blüht der nord- bis mittelamerikanische Blut-Salbei (S. coccinea) mit ähnlichen Kulturansprüchen, der aber niedrigere Temperaturen verträgt. Der Blau-Salbei (S. patens) blüht klar azurblau, stammt aus Mexiko und ist eine frostempfindliche Knollenstaude.
Ökologischer Wert: Rot blühende Salbeiarten sind meist wertlos, blau blühende sind eine Nektarquelle für Großbienen, etwa Hummeln.

Sommeraster
Callistephus chinensis

Familie: Korbblütler (Asteraceae, syn. Compositae)
Herkunft: China
Wuchshöhe: 30 bis 60 cm
Blütezeit: Juli bis Oktober
Pflanzenbeschreibung: Sommerastern sind mittelhohe, mäßig verzweigte Einjährige. Die Blütenköpfchen haben weiße bis blauviolette, selten gelbe Zungenblüten und gelbe Scheibenblüten. Es gibt sie auch in gefüllt blühend und mit veränderten Zungeblüten (nadel- oder röhrenförmig).
Kultur: Bevorzugt nicht zu humose Böden. Auf humosen Böden tritt gehäuft Asternwelke auf. Die Saat des Lichtkeimers beim aussäen nicht mit Erde bedecken. Aussaat im Frühling, teilweise kommt es zu Selbstaussaat. Die Samenreife erfolgt bereits eine Woche nach dem Verblühen (z. T. sogar in Blumenvasen).
Geschichte und Verwendung: Erste Früchte gelangten 1728 nach Frankreich. Von dort erfolgte eine rasche Verbreitung. Sommerastern wurden vor allem in Vorgärten und auf Friedhöfen verwendet und sind häufig neben Bildstöcken verwildert.
Besonderes: Die Sommeraster ist die einzige Art ihrer Gattung.
Ökologischer Wert: Ungefüllte Sorten bieten Nektar und Pollen für unterschiedliche Bienenarten.

Studentenblume, Samtblume, Türkische Nelke
Tagetes

Familie: Korbblütler *(Asteraceae,* früher *Compositae)*
Herkunft: Mexiko, Guatemala
Wuchshöhe: 10 bis 80 cm
Blütezeit: Mai bis Oktober
Pflanzenbeschreibung: Verzweigte, aromatische Einjährige mit unpaarig gefiederten, gezähnten Laubblättern. Blüten in Köpfchen vereinigt, mit etwa fünf breiten, gelben bis rotbraunen, auch mehrfarbigen, samtigen Zungenblüten. Zahlreiche orangegelbe Röhrenblüten (einfach) bis ausschließlich mit zahlreichen Zungenblüten (gefüllt).

Studentenblume, Samtblume, Türkische Nelke *(Tagetes)*

Kultur: Kommt mit fast allen Bodenbedingungen zurecht, die Kultur ist sowohl im Beet als auch in Gefäßen möglich. Durch Aussaat sehr produktiv und einfach zu ziehen, daher der Name „Studentenblume".
Geschichte und Verwendung: Bereits 1573 kam *T. patula*, die auch heute am häufigsten verwendete Art, nach Europa. Binnen weniger Jahre wurde sie in ganz Europa kultiviert und ist eine nicht mehr wegzudenkende Standardblume mit vielseitiger Verwendung. Die größere *T. erecta* gelangte etwas später nach Europa. Kultiviert werden von ihr ausschließlich gefüllte Sorten mit zahlreichen orangen bis weißlichen Zungenblüten. Die kleinste Art ist Tagetes tenuifolia in bislang immer einfachen Sorten. Tagetes dienen auch zur Nematodenbekämpfung und werden neuerdings sogar als Würzpflanzen verwendet.
Ökologischer Wert: Ungefüllte Sorten bieten Nektar für Schmetterlinge bzw. Nektar und Pollen für Großbienen.

Wald-Vergissmeinnicht
Myosotis sylvatica

Familie: Raublattgewächse (*Boraginaceae*)
Herkunft: Heimisch, europäische Gebirge.
Wuchshöhe: 10 bis 30 cm
Blütezeit: April bis Juli
Pflanzenbeschreibung: Wild ist das Wald-Vergissmeinnicht meist eine Staude, Gartenformen sind zweijährig. Im ersten Jahr bilden sie eine Blattrosette, im zweiten den Blütenstand. Die Blätter sind rau behaart, die Blüten sitzen an Wickeln, sind klein, blau und selten rosa oder weiß. Sie haben eine gelbe, selten weiße Mitte.
Kultur: Vergissmeinnicht bevorzugen humose bis anlehmige Böden. Die Aussaat ist jederzeit möglich, die beste Zeit dafür Mai bis Juli.
Geschichte und Verwendung: Es handelt sich um eine „schleichend domestizierte", beliebte Wildpflanze. Der Beginn einer planmäßiger Kultur ist nicht zurückverfolgbar, Sorten gibt es erst seit dem 19. Jahrhundert.
Ähnliches: In Europa existieren zahlreiche, nur für Spezialisten unterscheidbare Arten, in Österreich werden insgesamt 16 Sippen unterschieden, darunter sieben aus der Gruppe um das Wald-Vergissmeinnicht, die möglicherweise in die Kulturtypen eingekreuzt sein könnten.
Ökologischer Wert: Nektarlieferant für zahlreiche Insekten, etwa Wollschweber und – trotz der geringen Blütengröße – Hummeln.

Wald-Vergissmeinnicht *(Myosotis sylvatica)*

Register

IMPRESSUM

© 2008 Österreichischer Agrarverlag Druck- und Verlagsges.m.b.H. Nfg. KG, Sturzgasse 1A, A-1141 Wien, E-Mail: buch@avbuch.at, Internet: www.avbuch.at

Die Deutsche Bibliothek – CIP-Einheitsaufnahme
Die Deutsche Bibliothek verzeichnet diese Publikation in der Deutschen Nationalbibliografie; detaillierte bibliografische Daten sind im Internet über http://dnb.ddb.de abrufbar.

PROJEKTLEITUNG: Brigitte Millan-Ruiz, avBUCH
REDAKTIONSBÜRO: Wolfgang Funke, Augsburg
UMSCHLAG: Ravenstein + Partner, Verden
SATZ UND BILDREPRODUKTION: Hantsch & Jesch PrePress Services OG, 1230 Wien

DRUCK UND BINDUNG: agensketterl Druckerei GmbH, Mauerbach

ISBN: 978-3-7040-2305-6

Bildquellen

Umschlag:

Thinschmidt A., Böswith D. (www.gartenfoto.at)

Inhalt:

Margit Benes-Oeller: Seite 16 oben; Frank von Berger: Seite 7, 51; Böswirth & Thinschmidt: Seite 6 unten, 10, 11, 13, 16 unten, 20, 21, 23, 24, 29, 30 beide, 32, 33, 34 beide, 40/41, 42 beide, 44, 48 beide, 50, 53 beide, 58/59, 60, 62, 64, 66/67, 68 rechts; Gregor Dietrich: Seite 6 oben, 9 oben und unten, 18 oben und unten, 22 unten, 27, 36 oben, 46, 56, 57 beide, 68 links; Frank Hecker/Roland Spohn: Seite 3, 4/5, 8, 12, 14/15, 22 oben, 26, 36 unten, 37 unten und oben, 38, 39, 55, 69, 71 beide, 73, 74, 75 beide, 76, 77 beide; Wolfgang Redeleit: Seite 70